大樂文化

117張實戰圖解教你成為

誘導高效團隊_的
管理高手

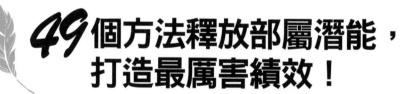

49個方法釋放部屬潛能，
打造最厲害績效！

CISPM 國際認證高級專業經理人

任康磊◎著

CONTENTS

第1章

管理高手都這樣擬定目標，交辦與確認工作 *015*

序言
用 117 張實戰圖解，
誘導團隊成員自動自發

談判如何管理部屬，許多管理者立刻想到的是如何控制他們。很多人甚至認為，評價管理水準的高低，是看管理者能在多大的程度上控制部屬。在這種認知下，很多管理者只會對部屬發號施令，接到上層指令時變成傳聲筒，而要部屬做事時則變成播放器。

如果當管理者這麼簡單，人人都能勝任，又何必訓練？如果用這種心態和方式管理，一定管不好部屬。因此，許多公司的員工對工作缺乏熱情、離職率高，這種情況與各層級管理者的管理能力息息相關。

我曾經幫助一家大型上市公司完善人才培養體系，為公司的快速發展提供大量合格的各層級管理者。關係企業來參觀學習時，對於培養管理者的成果感到驚訝，稱讚這家公司是管理者的標準化生產工廠。

在培養管理者的過程中，我發現許多管理者對「管人（帶人）」抱持很深的疑惑。

如果管人並非控制，那應該是什麼？

這需要回到管理的初衷找答案。帶人的目的是讓部屬按照管理者的意願做事，是經過不同個體的手完成集體想做的事。在這個過程中，如果以激發為初衷，藉由引導，讓人們意識到自己行為的意義和價值，人們會更積極主動、有創造性、自動自發完成目標。

「控制」隱含著管理者與員工之間的等級和身分差異，而「激發」不會展現這種層級差異。控制是告訴人們必須做，而激發是讓人們自己意識到應該做；控制更注重強制性，而激發更注重自發性；控制是把目

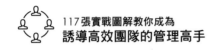
光聚焦在事物的層面,而激發是把目光聚焦在人的層面。

純文字的書讀不下去,怎麼辦?

純文字的書籍難免出現大段落的敘事,讀起來較吃力。有些書的理論性很強,即使讀懂,也不知道如何在實戰中使用。有些書沒有方法和工具的總結,雖然看起來故事好,但離開特定場景就失效,無法指導實踐。有些書雖然提供方法和工具,但結構性不強、應用解析不徹底,無法發揮作用。

我根據管理者能力結構的需求和實際工作中遇到的問題,提煉出合格管理者必須具備的方法和工具。在本書裡,為了方便管理者快速閱讀、有效理解、迅速掌握管人的方法和工具,我以圖解的方式,呈現在實戰中該如何應用這些方法和工具。

我非常了解管理實戰中的難點和痛點,也深刻知道為何市場上有那麼多書籍讓人們難以持續學習。因此,我要求本書必須「知識足、方法全、案例多、閱讀易」,既要展現管理的基本理論知識,又要具備實戰的全套方法論和豐富案例,還要考慮讀者的習慣,讓讀者可以有系統地學習,在遇到問題時立即查閱,有目標地解決問題。

我建議所有想成為管理高手的人,學習人力資源管理的知識,因為合格的管理者必須學會管人。「人管」與「管人」之間存在非常強的連繫,甚至可以說,它們幾乎是同一回事,只是角度不同。

所有MBA課程和世界500大公司,幾乎都把人力資源管理作為訓練管理者的必修課。只要有人的地方,就有人力資源管理,人越多,越需要相關的管理能力。

希望本書能助你一臂之力,順利成為「管人」的高手。

前言
49 個方法讓你懂人性、會用人，
建立高績效團隊

　　管理者帶領小團隊的能力不僅決定團隊的績效水準，也決定所屬大團隊的價值輸出能力。小團隊管理是大團隊管理的基礎，沒有成功的小團隊管理，就沒有成功的大團隊。

　　那麼，什麼是小團隊呢？

　　小團隊是指為了完成某項任務、某個目標，或是解決某種問題，而建立的最小成員單位。一般來說，30人以下都可以稱作小團隊。不過，這與行業類別和組織類型有很大的關係，如果是技術密集型或資金密集型產業，不到10人就可以算是小團隊，而勞動密集型產業的生產或服務部門，也許人數要達到50人左右才稱得上是小團隊。

　　帶領小團隊是一種技術，很多創業公司管理者雖然手上握有很好的專案，但不會帶領小團隊，導致公司陷入困境，失去繼續發展的機會。很多部門管理者雖然自身工作能力很強，但不會帶領小團隊，導致部門績效差，而失去晉升機會。很多專案負責人雖然很懂產品和規劃，但不會帶人，導致專案失敗，失去繼續當管理者的機會。

　　種花的人一定要研究和了解花的生長特性，按照花的生長規律去栽培，否則花就會枯萎。養魚的人一定要研究和了解魚的生存習性，按照魚的生存規律去飼養，否則會養不活魚。但是，很多小團隊管理者帶領很多部屬，卻不想主動研究人性，並按照人性規律管理整個團隊。

　　人在服用藥物前，一定要閱讀使用說明書，否則可能吃錯藥或是服用過量。購買電器之後，發現不知道如何使用，一定會將使用說明書研究一番，否則可能損壞電器或是傷到自己。但是，很多小團隊管理者每

天與部屬打交道，卻不想主動閱讀或參照「部屬使用說明書」。

人性是大多數人的思維模式和行為模式，也就是在某種情況發生之際，人們通常會如何思考、反應或是行動。舉例來說，當我們早上進入辦公室，善意地向某位同事微笑打招呼時，對方多半也會馬上向我們打招呼。

人的思維模式和行為模式經常被忽視，若管理者沒有忽視它們，而是善加運用，就能把部屬凝聚在一起，形成強大的團隊，發揮個體和群體的最大價值。相反地，若小團隊管理者忽視思維和行為模式，又無法妥善運用，組織就會出現一系列問題。

《西遊記》中，唐僧師徒的取經團隊就是一支小團隊的縮影。在這支小團隊中，說到打怪能力，唐僧是最弱的，別說有妖怪了，普通的壞人也能輕易打敗他。但我們不得不承認，唐僧領導的這支小團隊具有很強的凝聚力和戰鬥力。

為什麼最弱的唐僧能管理好這支小團隊呢？因為他懂得運用人的思維模式和行為模式來管理。

1. 懂得人性

唐僧為小團隊設立共同目標，把成員個人目標與組織目標結合在一起。

在成員當中，除了唐僧之外，沒有一個是原本就想去取經的。孫悟空只想從壓著他的山底下出來，回花果山當美猴王；豬八戒只想在高老莊和媳婦過日子；沙和尚只想在流沙河裡當妖怪；白龍馬則是因為吃了唐僧的馬而被迫去取經。他們都是因為犯錯而受到懲罰，唐僧利用取經這件事讓他們戴罪立功。

2. 懂得用人

唐僧合理搭配小團隊中的人才。

假如小團隊裡有2個孫悟空，他們可能天天都在內鬥。假如沒有孫

悟空，只有豬八戒和沙和尚，唐僧可能早就被妖怪吃了。假如沒有豬八戒，取經路上可能會很悶，《西遊記》就變成單調的「打怪升級」故事。假如沒有沙和尚，要由誰挑擔？孫悟空和豬八戒都不願意做這類體力工作。

在小團隊中，應該有不同屬性的人，並保持一定的比例，不能全是孫悟空，也不能全是豬八戒或沙和尚，要讓成員之間互補協作。合理搭配人才，才能實現「德者領導團隊、能者攻克難關、智者出謀劃策、勞者執行有力」的理念。

3. 懂得管人

唐僧善於以權制人，以法服人，以情感人，以德化人。

孫悟空代表著小團隊中能力很強的人，原本根本不會聽唐僧的，唐僧若沒有緊箍咒，可能早被他一棍子打死。實現小團隊的目標需要有規矩，緊箍咒就是一種規矩。制訂規矩也是管理者的必備技能。

唐僧從來不會濫用權力，只有在大是大非面前，才動用自己的懲罰權，這一點非常值得學習。管理者不能不用懲罰權，但也不能濫用，這是領導的藝術。

一開始，孫悟空不尊重唐僧，團隊內部經常產生矛盾。孫悟空總覺得這個師父肉眼凡胎、不識好歹。但在經歷艱險之後，唐僧的執著、善良和關心感化了孫悟空，讓他願意一心一意保護唐僧。

然而，許多管理者不知道如何帶領小團隊，往往使團隊陷入困境，例如：把成員當作工具，抱著「鐵打的營盤，流水的兵」的心態；對成員很苛刻，想盡辦法控制他們，要求無條件服從；把自己與成員的關係看作是簡單的買賣，不投入任何情感。

對於許多管理者不懂得人、不會用人、不會管人等問題，我汲取了指導公司中階與基層主管帶領小團隊的經驗，根據常見問題及其解決方案，總結出實用的工具和方法，撰寫成本書。

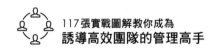
　　為了讓讀者快速閱讀、理解、記憶及應用，本書的場景情境、實用工具，以及與工作相關的應用解析，全部採用圖解的方式呈現。希望讀者能夠學以致用，好好學習和工作。

新提拔的主管們能力不行，最近各部門頻頻出問題，部屬投訴嚴重、士氣低落、績效差，好煩惱！

既然你提拔他們，表示他們都是工作上的精英。出現這些問題或許只是因為缺乏帶小團隊的技巧。

新提拔的主管們

董事長小泰

任康磊

那麼，該怎麼快速提升這批主管帶小團隊的能力呢？

如果有需要，也許我能幫助大家。

太好了！有你的幫助，這批新手主管一定能帶好小團隊！

我會在這裡待1週，走訪不同的部門，你可以讓各個管理者提出疑問。

第 **1** 章

管理高手都這樣擬定目標，交辦與確認工作

本章背景

我安排工作給部屬，他們卻總是做不到我想要的結果，他們的能力怎麼那麼差……

或許是你安排工作的方式出問題。

如果部屬的工作態度和能力都很好，工作卻總是達不到你的要求，問題有可能出在你身上。

這有可能是我的問題？

我從來沒想過是自己的問題……

我們可以一起檢視你在工作上的安排、交辦和追蹤，是否有改善空間。

1-1
目標與計畫，
是團隊完成工作的指南針

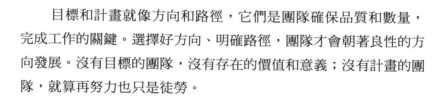

　　目標和計畫就像方向和路徑，它們是團隊確保品質和數量，完成工作的關鍵。選擇好方向、明確路徑，團隊才會朝著良性的方向發展。沒有目標的團隊，沒有存在的價值和意義；沒有計畫的團隊，就算再努力也只是徒勞。

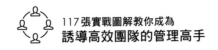
▶▶▶ 1. 用SMART原則和VBR原則，制訂具體可行目標

🔒 **問題場景**

我的部屬總是不能保質保量、又快又好地完成工作。

保質保量、又快又好，太抽象了，有沒有具體場景呢？

好像真的想不到具體的，就是覺得部屬做得不好。

你有為團隊制訂目標嗎？

有啊，我給團隊的目標是每天做一件實事，每週做一件好事，每月做一件新事，每年做一件大事。

這個更像口號吧。什麼是實事、好事、新事、大事？怎麼定義與衡量？在制訂目標時，我建議使用SMART原則和VBR原則。

問題拆解

　　團隊沒有明確、有效的目標，表示整個團隊和成員的工作沒有方向，無法分配內容、衡量品質和數量。這樣下去，團隊工作會變得模模糊糊，成員也會得過且過。如果出現這種情況，責怪部屬也沒有用。

　　即使團隊有目標，但抽象、無法衡量、與工作無關、不切實際、沒有時間限制，便是無效的目標。

🔑 實用工具

工具介紹

SMART原則

這項原則是指制訂目標的5原則，分別是：明確的（Specific）、可衡量的（Measurable）、可達成的（Attainable）、相關的（Relevant）、有時間限制的（Time-bound）。

┤ 制訂目標的 SMART 原則 ├

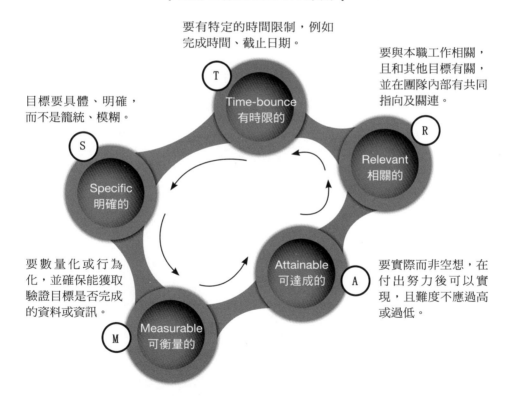

要有特定的時間限制，例如完成時間、截止日期。

要與本職工作相關，且和其他目標有關，並在團隊內部有共同指向及關連。

目標要具體、明確，而不是籠統、模糊。

要實際而非空想，在付出努力後可以實現，且難度不應過高或過低。

要數量化或行為化，並確保能獲取驗證目標是否完成的資料或資訊。

T　Time-bounce 有時限的
R　Relevant 相關的
S　Specific 明確的
A　Attainable 可達成的
M　Measurable 可衡量的

採購部門下個月的目標：月底前，在非生產原因造成採購總量上升不超過20%的前提下，把A原料的單位採購成本降低3%。

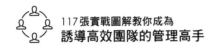
工具介紹

VBR原則

在制訂目標的過程中，管理者要考慮目標能夠創造的價值（Value）、團隊當前的基礎（base），以及可以運用的資源（resource）。綜合考慮這3個方面，並平衡3者之後，再制訂目標，否則難度可能會過高、過低或是沒有價值。

──┤ VBR 原則的應用原理 ├──

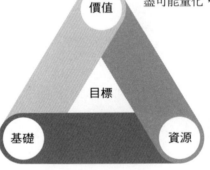

指提高某類效率，增加某種效益；降低某項成本，減少某些風險。價值要盡可能量化，歸結為財務結果。

指當前具備的素質、知識、技能等軟實力，以及物資、設備等硬實力。它是內部、可控制的，能透過努力提升。

指當前擁有的人脈、財力、權屬等各類可動用資源。它是外部、不受控制的，需要他人配合，無法僅憑努力提升。

──┤ VBR 原則表格工具 ├──

事務	價值	基礎	資源	目標
A				
B				
C				

💡 應用解析

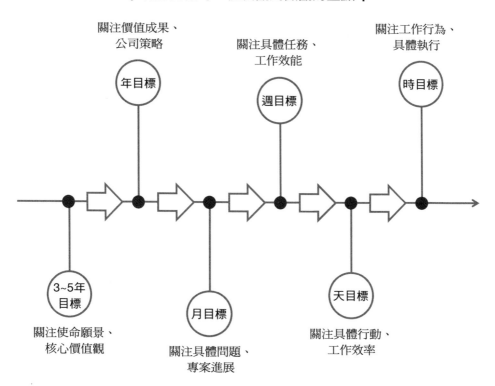

制訂目標時，從宏觀到微觀的重點

關注價值成果、
公司策略

年目標

關注具體任務、
工作效能

週目標

關注工作行為、
具體執行

時目標

3~5年
目標

關注使命願景、
核心價值觀

月目標

關注具體問題、
專案進展

天目標

關注具體行動、
工作效率

貼心提醒

　　管理者制訂目標時，要按照時間進行分解，不同時間點的目標關
注的重點不同。越遠期的目標，管理者的視野應該放在越宏觀、長遠、
全域的層面。越近期的目標，應該放在越微觀、短期、具體、可執行的
層面。

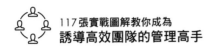

---┤ 圍繞價值制訂目標的靶心圖 ├---

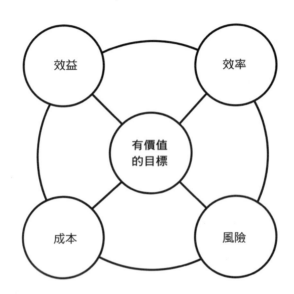

價值可以歸結到效益、效率、成本和風險4個層面。如何判斷目標是否創造價值？
1. 提高效益：從財務結果來看，提升某方面的銷售額。
2. 提高效率：從單位時間獲得的結果來看，產量提高。
3. 降低成本：完成某任務需要付出的成本降低。
4. 降低風險：某個領域的風險係數下降，或是某種風險造成的損失降低。

──────┤ 圍繞價值設計目標時的注意事項 ├──────

真正創造價值，應該是在其他方面不變差的情況下，做到優化效益、效率、成本和風險這4個層面之一或更多。

如果某個目標改善某方面，但是其他的某方面變差，而且變差的程度比改善的程度還高，等於創造負價值，例如：某目標能夠降低風險，但是會提高部分成本，若風險降低指數小於成本提高指數，則實際上不僅沒有創造價值，反而減少價值，那麼這個目標就是負價值目標。一般來說，好的目標應該要提供正價值。

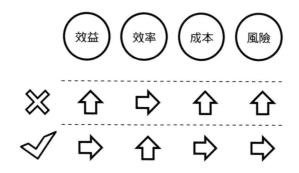

注：左邊的「✓」代表創造價值，「×」代表沒有創造價值，箭頭向上表示提高，箭頭向下表示降低，箭頭向右表示不變。

貼心提醒

　　圍繞職位職責和工作任務來制訂目標，很可能無法獲得正價值的目標。管理者最好和部屬一起制訂目標，讓部屬全面了解目標的背景和價值，以及工作的真正意義，有助於他出色地完成工作與目標。

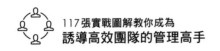
▶▶▶ 2. GTA目標分解法幫你細分工作，確保使命必達

🔒 問題場景

學會如何制訂目標後，我的問題都解決了！

先別急，明確目標只是知道想要達到的結果，過程中要做什麼來實現結果，也是很重要的。

的確，只有結果沒有過程肯定不行。

有了目標，就要把目標分解成工作任務，再細分成具體行動。如果目標過大，可以先把大目標分解成小目標，再分解成任務和行動。

這樣分解工作就會變得很清晰呢。不過，具體上該怎麼操作？

可以運用GTA目標分解法分解目標，這樣做能清楚知道該做什麼。

問題拆解

　　很多管理者安排工作時沒有目的，不講究順序、行動不分主次，不按照部門目標和部屬一起制訂具體計畫，而是有什麼工作就丟給部屬什麼。工作安排越隨意，部屬越沒有方向感，進而產生大量與目標無關的行為，導致效率極低。一段時間後，管理者發現最初制訂的目標沒有實現，反而責怪部屬，其實根本原因是管理者沒有按照管理的邏輯來安排工作。

實用工具

工具介紹

GTA目標分解法

GTA目標分解法是從目標（goal）到任務（task）再到行動（action）的工作分解法。有了目標之後，為了保證完成，需要將它分解成較小、易於管理的具體任務和行動。任務和行動也應有各自的目標，以便檢查和評估工作。管理者應根據目標分解的任務和行動，替部屬安排工作。在完成目標之前，不僅要觀察和評估部屬在工作中是否採取相應行為，還要控管執行目標的過程。

┤GTA 目標分解法的原理├

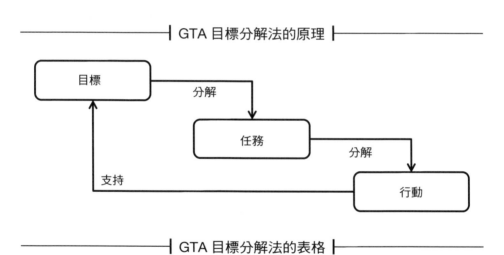

┤GTA 目標分解法的表格├

事務	目標	任務	行動
A			
B			
C			

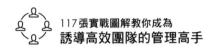

💡 應用解析

┤ 目標、任務與行動的優先順序 ├

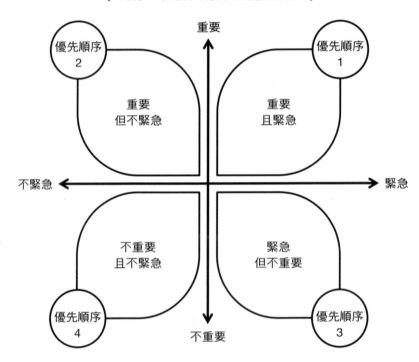

貼心提醒

　　紛繁雜亂的工作、持續變化的環境、隨時改變的需求，都容易讓管理者混亂與困惑，以至於忘記原本的目標。工作的目標、任務和行動都有優先順序，主要按照緊急程度和重要程度劃分。

　　優先順序最高的是重要且緊急的事務，最低的是不重要且不緊急的事務，重要但不緊急也應該優先於緊急但不重要的事務。

　　管理者不應消耗太多時間在臨時、緊急，但不重要的事務上，而要把主要精力聚焦於較重要的目標、任務和行動。在重要程度和緊急程度相同的事務當中，可以先做相對容易、費時較短的事。

▶▶▶ 3. 活用GTVR工作評估法，從4方面確認執行狀況

🔒 問題場景

每次和部屬評估工作都以爭吵收場，不知道該怎麼辦？

或許問題出在沒有運用正確的方法做評估，不妨試試GTVR工作評估法。

我以前總是覺得管理方法過於理論化，深入了解後，才發現它對工作的幫助很大！

有的理論確實如此，不過很多方法是為了解決問題，而在實踐中產生，是實戰派的方法論。它們不一定很有道理，卻能解決實際問題。

我要如何區分哪些方法是實戰派？

不必刻意區分，主要是看能否解決問題，每種方法都有它的應用場景。遇到問題時，先尋找方法，實際用用看，好用就繼續使用並不斷完善，不好用就找出原因，如果應用方式沒問題，就更換方法。

問題拆解

　　如果只是一昧安排工作，不評估工作品質，就如同航海時只在出發前看一眼方向，出發後再也不看指南針。在制訂目標並分解成任務和行動之後，管理者和部屬需要定期評估工作的完成情況，否則不會知道工作有沒有偏離預期目標？完成的品質如何？下一步的努力方向在哪裡？

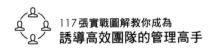

🔑 實用工具

工具介紹

GTVR工作評估法

　　評估工作時，可以按照目標完成情況（Goal Achievement）、任務或行動完成情況（Task/Action Completion）、價值完成情況（Value Completion）、重組和收穫（Restructuring and Harvesting）4個方面來評估，這就是GTVR工作評估法。

　　這個方法能幫助管理者和部屬全面思考，把問題空間化、層面化、結構化，有助於解決問題。運用這種方法，能讓管理者和部屬一起找出做得到位和不到位的地方，雙方都能清楚工作的完成情況，也能快速聚焦問題點，進而改善問題。

──────┤ GTVR 工作評估法的應用步驟 ├──────

1. 從總體評估長期和短期目標的達成情況

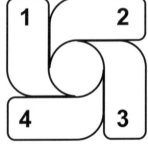

2. 從工作步驟評估任務或行動的完成情況

4. 重組整個工作，總結從知識、技能和經驗取得的收穫

3. 從工作成果評估價值和預期相比的完成情況

──────┤ GTVR 工作評估法的表格 ├──────

評估事務	評估時間	目標達成情況	任務或行動完成情況	價值完成情況	重組與收穫

💡 應用解析

────────┤ 工作評估與改進的流程原理 ├────────

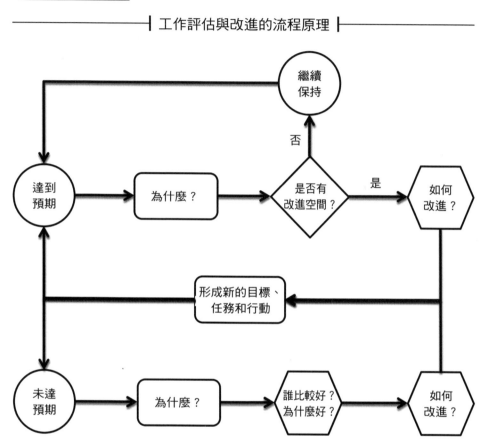

貼心提醒

　　工作評估不僅能評判過去的工作品質，還能藉由總結過去提高未來的工作品質。因此在評估的過程中，要注意以下3個重點：

　　1. **為什麼**：不論工作是否達到預期，都要詢問為什麼。

　　2. **怎麼做**：不論工作是否達到預期，都要思考如何做得更好？如何產生更大的價值？

　　3. **做什麼**：為了做到更好，要形成新的一輪目標、任務和行動。

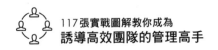
▶▶▶ 4. 還在責怪部屬工作沒達標？其實問Why才有效

🔒 問題場景

部屬的工作總是達不到我的要求。該説的我也説了，該罵的我也罵了，還有什麼方法嗎？

部屬為什麼沒有達到你的要求？

我就是不知道才問你，你怎麼反而問我？

你為什麼不知道呢？

我要是知道，還需要問你嗎？

你為什麼不問部屬呢？多問「為什麼」，是尋找問題根源的好方法！

問題拆解

　　導致部屬工作無法達到管理者要求的原因，可能是主管對於部屬的預期不現實、缺乏工作資源使他無法完成工作、他的能力沒有達到完成工作的條件。如果是以上這些情況，責怪部屬只會適得其反。

　　如果發現部屬做事不到位，首先要做的不是批評或否定他，而是一起找出原因，可以連續問「為什麼」，找到問題根源。透過這種方式，你可能會發現，工作達不到要求的根本原因其實不在部屬身上。即使部屬確實因為個人原因而沒有達到要求，這種方式也可以幫助他找到問題根源，從根本上解決問題。

🔑 實用工具

工具介紹

連續問為什麼

當部屬的工作成果沒有達到管理者的要求時，可以多問幾個「為什麼」，直到找出真正原因。然後針對這些原因，和部屬一起採取解決措施。

────────┤ 運用「連續問為什麼」，查找問題的流程 ├────────

問題 → 為何發生？ → A結論 → 是最終原因？ ─是→ 解決問題
↓否
解決問題 ←是─ 是最終原因？ ← B結論 ← 為何發生？
↓否
為何發生？ → C結論 → 是最終原因？ ─是→ 解決問題
↓否
解決問題 ←是─ 是最終原因？ ← D結論 ← 為何發生？
↓否
為何發生？ → E結論 → 是最終原因？ ─是→ 解決問題
↓否
連續問為什麼，直到找出真正可解決的原因

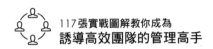

---| 「連續問為什麼」的應用範例 |---

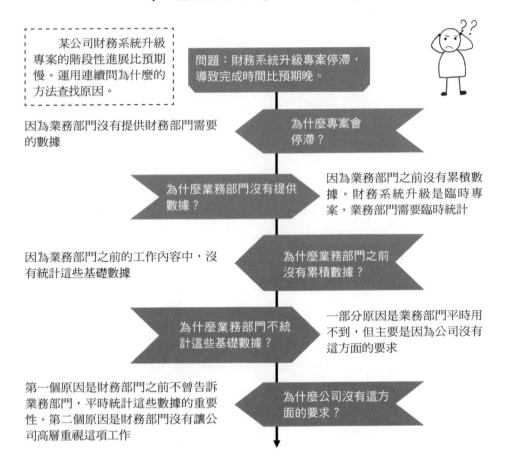

某公司財務系統升級專案的階段性進展比預期慢。運用連續問為什麼的方法查找原因。

問題：財務系統升級專案停滯，導致完成時間比預期晚。

因為業務部門沒有提供財務部門需要的數據

為什麼專案會停滯？

為什麼業務部門沒有提供數據？

因為業務部門之前沒有累積數據。財務系統升級是臨時專案，業務部門需要臨時統計

因為業務部門之前的工作內容中，沒有統計這些基礎數據

為什麼業務部門之前沒有累積數據？

為什麼業務部門不統計這些基礎數據？

一部分原因是業務部門平時用不到，但主要是因為公司沒有這方面的要求

第一個原因是財務部門之前不曾告訴業務部門，平時統計這些數據的重要性。第二個原因是財務部門沒有讓公司高層重視這項工作

為什麼公司沒有這方面的要求？

貼心提醒

運用持續問為什麼的方法來查找原因時，有以下3個注意事項：
1. 不要總是找外部原因，要多從內部尋找。
2. 不要一直找客觀原因，要從主觀上尋找。
3. 不要總是找次要原因，要從頂層出發尋找主要原因。

1-2
部屬不滿工作指派？
這樣交辦皆大歡喜

交辦工作其實不簡單，如果只是簡單地向部屬說：「喂，你去辦一下某事」，他就能把事情做好，那麼帶團隊簡直輕而易舉。正因為現實中不可能這樣，管理者才需要掌握分配與交辦工作的方法和技巧。

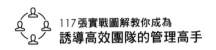
▶▶▶ 1. 向西遊記的唐僧學習，你也能帶領團隊過關斬將

🔒 問題場景

問題拆解

　　很多人對帶領團隊有誤解，以為要成為合格的團隊管理者，必須在某個業務領域做到精通，甚至覺得應該什麼都懂、什麼都會。實際上，管理者和非管理者的工作分工不同、關注的重點不同、評價的方式也不同。因此，即使能力不足，仍然可以成為優秀管理者。

🔑 實用工具

工具介紹

管理者必須重點關注的4大領域

經理這個詞，常被用來當作團隊管理者的稱謂。經理的「經」是指經營，「理」是指管理。經理要懂得經營事、管理人。要經營事，就要針對事情設立目標和行動計畫；要管理人，就要關注人所處的環境和人的狀態。管理者不論工作再紛雜、每天再忙碌，都要做好管理工作，也就是必須關注目標、計畫、環境和人這4大領域的內容。

────┤ 管理者必須重點關注的 4 大領域內容 ├────

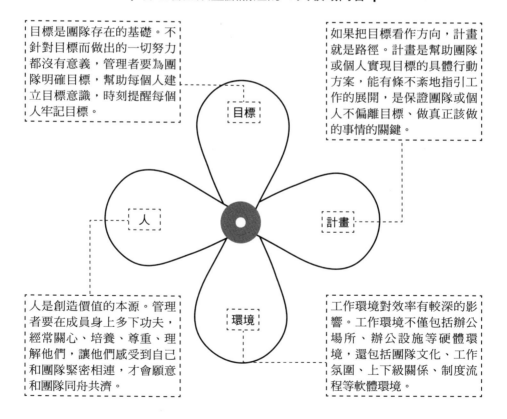

目標是團隊存在的基礎。不針對目標而做出的一切努力都沒有意義，管理者要為團隊明確目標，幫助每個人建立目標意識，時刻提醒每個人牢記目標。

如果把目標看作方向，計畫就是路徑。計畫是幫助團隊或個人實現目標的具體行動方案，能有條不紊地指引工作的展開，是保證團隊或個人不偏離目標、做真正該做的事情的關鍵。

目標

人

計畫

環境

人是創造價值的本源。管理者要在成員身上多下功夫，經常關心、培養、尊重、理解他們，讓他們感受到自己和團隊緊密相連，才會願意和團隊同舟共濟。

工作環境對效率有較深的影響。工作環境不僅包括辦公場所、辦公設施等硬體環境，還包括團隊文化、工作氛圍、上下級關係、制度流程等軟體環境。

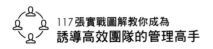

117張實戰圖解教你成為
誘導高效團隊的管理高手

 應用解析

┤ 《西遊記》的取經團隊為何如此穩固、強大？ ├

堅定且明確的目標

唐僧身為團隊領導者，為團隊設定西天取經這項明確目標，而且描述美好未來。即使途中經歷許多磨難，唐僧也絲毫沒有動搖，讓他成為團隊的精神領袖。

1

2

結合個人與團隊的目標

取經團隊的成員除了唐僧以外都是戴罪之身，他們都因為曾犯錯，而受到懲罰。唐僧用取經讓他們戴罪立功。如果完成團隊目標，他們不僅能達成自己的目標，甚至能立功。

團隊人才搭配合理

取經團隊並非全是能人，而是存在各類屬性的人才。透過人才的合理搭配，實現德者領導團隊、能者攻克難關、智者出謀劃策、勞者執行有力。

3

4

以權制人、以法服人

實現團隊目標必須有規矩，緊箍咒就是一種規矩。唐僧用緊箍咒替自己樹立權威，讓孫悟空臣服。但唐僧不隨便濫用權力，他只在大是大非面前，才動用自己的懲罰權。

以情感人、以德化人

管理者對部屬的感情投資非常重要。孫悟空最初不尊重唐僧，覺得唐僧肉眼凡胎、不識好歹，但在經歷艱險後，唐僧的執著、善良、品德和對孫悟空的關心感化了他，讓他願意一心一意保護唐僧。

5

貼心提醒

　　《西遊記》的取經團隊是一個小團隊的縮影。團隊中，每個人既有優點又有缺點，每個人都有自己的性格、訴求、想法。論武力，唐僧是最弱的，別說是妖怪，他連普通的壞人也打不過。但不得不承認，唐僧領導的這支取經團隊有很強的凝聚力和戰鬥力。一群不完美的人聚在一起，透過有效的管理，可以建立一支優秀團隊。

▶▶▶ 2. 透過6步驟交辦工作，能消除雙方的資訊不對稱

 問題場景

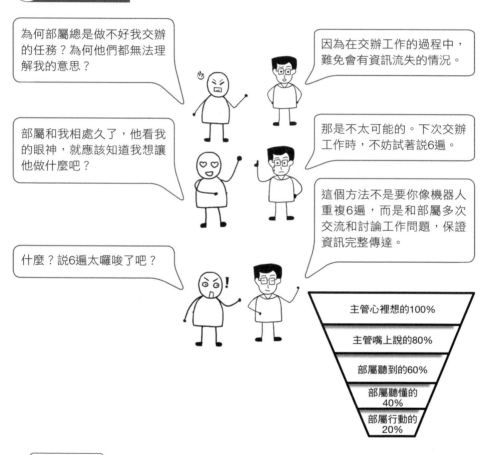

主管心裡想的100%

主管嘴上說的80%

部屬聽到的60%

部屬聽懂的
40%

部屬行動的
20%

為何部屬總是做不好我交辦的任務？為何他們都無法理解我的意思？

因為在交辦工作的過程中，難免會有資訊流失的情況。

部屬和我相處久了，他看我的眼神，就應該知道我想讓他做什麼吧？

那是不太可能的。下次交辦工作時，不妨試著說6遍。

這個方法不是要你像機器人重複6遍，而是和部屬多次交流和討論工作問題，保證資訊完整傳達。

什麼？說6遍太囉唆了吧？

問題拆解

　　傳話筒式管理無法發揮預期效果。如果上下級之間的視野高度、思維寬度和資訊廣度不對稱，會導致交辦工作時出現資訊流失的情況。

　　如果管理者心裡想的有100%，表達出來的可能有80%，部屬聽到的也許是60%，聽懂的只有40%，那麼部屬最終理解並採取行動可能僅剩20%。從管理者心裡想的100%到部屬最後採取行動的20%，是很多指令無法被貫徹的原因。因此在交辦工作時，需要使用工具和方法。

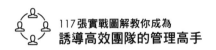
🔑 **實用工具**

工具介紹

交辦工作的6步驟

　　「說6遍」不是把要交辦的工作單純地重複6遍，而是利用「6步驟」，和部屬針對你交付的工作互相交流、提出問題，進而達到資訊對稱的效果。

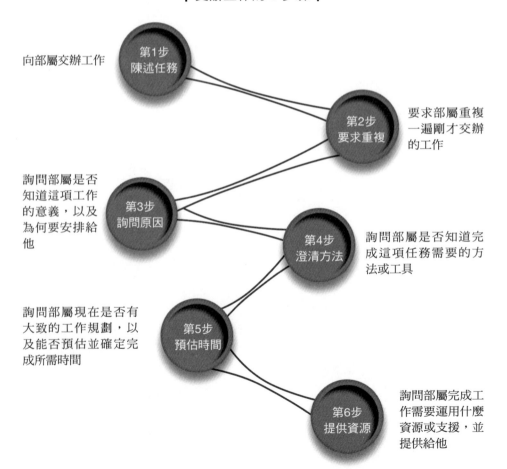

── 交辦工作的 6 步驟 ──

向部屬交辦工作

第1步 陳述任務

第2步 要求重複 — 要求部屬重複一遍剛才交辦的工作

詢問部屬是否知道這項工作的意義，以及為何要安排給他 — **第3步 詢問原因**

第4步 澄清方法 — 詢問部屬是否知道完成這項任務需要的方法或工具

詢問部屬現在是否有大致的工作規劃，以及能否預估並確定完成所需時間 — **第5步 預估時間**

第6步 提供資源 — 詢問部屬完成工作需要運用什麼資源或支援，並提供給他

應用解析

── │ 應用交辦工作 6 步驟的注意事項 │ ──

用精練的語言，清楚表達任務背景、預期目標、期望達到的結果、不同結果可能對公司的影響、部屬能掌握的程度等關鍵要素。交辦工作的過程中，語言描述的完整和精練程度，決定了部屬的接受與理解程度。

第1步
陳述任務

第2步是要求部屬重複剛才管理者說的任務。這麼做的目的，是管理者要確認部屬是否接收到資訊，以及檢驗自己剛才說的話是否有遺漏，如果有，可以在部屬重複完之後補充。利用這種方式，把單向的傳達過程變成交流與溝通。

第2步
要求重複

詢問部屬是否知道這項任務對公司的意義，並告知部屬為何要交辦給他。第3步的目的是確認部屬是否理解這項任務。任何工作都有背景和意義，當部屬理解原因時，代表知道它的意義。當部屬理解這項任務對組織的意義時，就會產生使命感，打從心理接受。

第3步
詢問原因

詢問部屬是否知道完成這項任務需要的方法或工具。有些部屬被動地接受任務，不會主動思考方法或工具，或者明明不知道該怎麼做，卻不好意思說。第4步的目的是強制部屬思考，確認他是否具備完成任務的基本思路和能力，預估任務能否有效完成。

第4步
明確方法

第5步
預估時間

詢問部屬是否有大致的規劃，和部屬一起預估完成所需時間。如果沒有彼此認可的時間限制，完成任務如同一張空頭支票。第5步是為了確認部屬是否已有完成任務的計畫，也是為了確定任務的截止時間，便於後續檢查和評估。

詢問部屬完成任務需要運用資源或支援，例如財務資源、人力支援或其他部門的支援等。如果管理者和部屬都不清楚完成任務需要的資源，或是管理者不提供這些資源，這項任務很可能走向失敗。

第6步
提供資源

貼心提醒

　　實戰應用時，不是每項要交辦的工作都需要說6遍。「說6遍」包含交辦過程中的關鍵要素，是較全面的方法。當任務複雜且重要時，建議採取這種方法。當任務不複雜時，可以根據場景調整成「說3遍」或「說1遍」。交辦工作的關鍵是，管理者和部屬都清楚了解工作需要傳達的內容或資訊，並形成資訊對稱。

▶▶▶ 3. 分派工作給部屬時，怎樣的態度會讓他欣然接受

🔒 問題場景

交辦工作的6步驟雖然好，但若管理者安排得不到位，部屬應該主動詢問吧。

這種觀念有誤，團隊中的上下級只是分工不同，關係是平等的。

但有必要說那麼多嗎？直接讓他們做事不就好了？

直接說確實可以，不過要注意交辦工作時的態度。你平時都採取什麼態度？

其實我交辦工作的態度不好，有種使喚部屬的感覺，覺得這是他們應該做的，有點太理所當然了。

你都會感受到這麼做很討厭，那部屬的感受會更強烈。

看來我要改善交辦工作時的態度。

是的，管理者交辦工作的態度，影響部屬完成工作的品質。

問題拆解

　　管理者交付工作給部屬確實理所當然，不過沒有人願意接受冷冰冰的命令。若管理者長期採取霸道的方式，容不得半點商量餘地，那麼上下級之間必然會形成隔閡。因此，切忌唯我獨尊式管理，更不要讓部屬覺得管理者凌駕於他們之上。

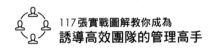

實用工具

工具介紹

交辦工作的正確態度

　　用什麼樣的態度交辦工作，決定了部屬接受工作的程度。管理者若是態度消極、懶散、缺乏自信，部屬會認為這項工作不重要；若是態度積極、堅決、果斷，而且適度表現出緊迫感，部屬可能會重視這項任務；若是態度蠻橫、盛氣凌人，以高高在上的姿態命令部屬，他肯定會反感。

────┤ 尊重、謙和、鼓勵，是交辦工作的好態度 ├────

1.尊重

2.謙和

3.鼓勵

交辦工作時，要尊重部屬，不能因為階級不同而不尊重地對待

謙和的態度會讓部屬覺得被尊重，並不會影響管理者的權威

肯定部屬之前的成果，以鼓勵的話開頭或收尾

交辦工作的話術與 3 個注意事項

交辦一般任務：

　　小王，上次的工作做得很出色，客戶很滿意。這裡有個比較重要的任務，是給A公司提報方案。A公司是潛在的大客戶，如果能拿下案子，對公司貢獻很大。我認為這項工作非你莫屬，因此由你全權負責。我們一起努力，相信你一定能做好，加油！

交辦緊急任務：

　　小王，我們正在和A公司談合作，未來業務規模大約一年有300萬，根據了解，競爭對手已開始和A公司接觸。我們要趕在對手之前，提報方案給A公司，最好在今天之內完成。時間緊迫，我們團隊一起齊心協力，加快進度，爭取按時完成！

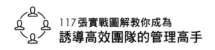

應用解析

───────┤ 交辦工作時，要避免這 3 種態度 ├───────

1. 不在乎
有些管理者覺得交辦工作給部屬天經地義。這種態度的言外之意是：你對我來說無關緊要，這項工作也不是那麼重要，我是把一項無關緊要的工作交給無關緊要的人來做。這在無意之中顯示出你不關心、不尊重部屬和工作，會引起部屬強烈反感。

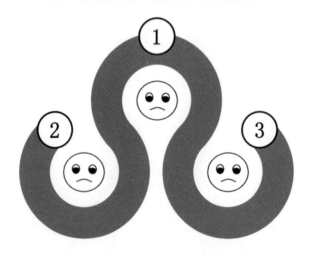

2. 盛氣凌人
有些管理者為了展現威嚴，用盛氣凌人的態度指使部屬。這種態度的言外之意是：我是你的主管，我的地位比你高，我給你工作，你就應該照著我的話去做。這個舉動是把自己和部屬劃分到不同陣營，會讓部屬非常不舒服。

3. 暗藏心機
有些管理者為了展現高明，故意不把話說明，讓部屬猜測他的想法和意圖。這種態度的言外之意是：你要好好思考我安排給你的工作，這個任務如果成功，功勞是我的。結果一旦出問題，很可能讓你背黑鍋。

貼心提醒

　　管理者對待部屬的態度就像一面鏡子，終究會投射到工作成果上。管理者以什麼樣的態度交辦工作，決定了部屬會以什麼樣的態度對待它，而部屬對待工作的態度，決定了完成的結果和品質。

　　管理者交辦工作時，一定要對部屬和工作保持尊重，即使工作很簡單，也不能表現出輕蔑。如果管理者不在乎，部屬也會不在乎。如果管理者希望部屬迅速完成，那麼自己要表現出緊迫感；如果希望部屬重視任務，首先自己要表現出重視。

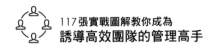
▶▶▶ 4. 部屬不願接受棘手工作？你巧妙提出另一個選項

🔒 問題場景

有時候交辦較艱難的工作，部屬都不願接受，有什麼方法可以解決？

除了前面說的交辦工作的方法與態度之外，面對這類情況，還有一個小技巧。

什麼技巧？

就是讓部屬做選擇。也就是説，讓部屬自己主動選擇工作。

如果部屬選的工作不是我想讓他做的怎麼辦？

因此需要設定選擇範圍，設計好選項，引導部屬主動選擇某項工作。

問題拆解

　　人們不喜歡被安排也不喜歡被命令，但是管理者交辦工作時免不了要安排，這讓管理者與部屬之間存在矛盾。如果管理者交辦的工作容易完成，部屬也許可以接受，但如果工作比較艱難，則可能會發生問題。

　　有時候，管理者向部屬交辦工作會陷入困境。管理者可能不知道部屬的想法，也漠不關心。如果工作很棘手，部屬即使接受，也可能心不甘情不願，甚至藉故推脫。

🔑 實用工具

工具介紹

提供選項

選擇權是給予對方主導權，當管理者向部屬安排有難度的任務時，可以讓部屬做選擇。這套方法的原理是提前準備A和B兩套任務：A任務是管理者想讓部屬完成的工作，但較難執行；B任務則是比A任務更困難的任務。管理者可以先提出B任務，部屬聽完後通常會感到失望。停頓幾秒後，管理者再說出A任務讓部屬選擇，這時他的內心會轉悲為喜，主動選擇A任務。如此一來，部屬對A任務的接受度會比直接交辦給他還高。

────────┤ 讓部屬做選擇的 4 步驟 ├────────

為了讓部屬出色地完成工作，管理者應該共同面對艱難工作，而不是全部扔給部屬。管理者要提供完成工作所需的各種資源與支援。

如果某項工作只是部屬主觀上認為困難，管理者可以幫助部屬認清情況，尋找方法。如果客觀上來說很難，部屬不易接受，就進入第2步。

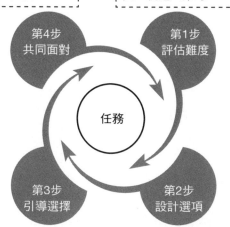

在部屬選擇的過程中給予肯定，例如之前的好成績，幫助他建立完成任務的信心，引導他做出選擇。

設計1～2項更艱難，且部屬不會選擇的工作，並把它們放在一起，先向部屬提出較難的選項，再說出容易的選項。

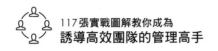
應用解析

────┤ 若強行安排艱難的工作，會產生什麼結果？ ├────

貼心提醒

　　無頭無腦地安排棘手工作給部屬，而且實行放任式管理，只看結果、不管過程，最終會換來悲慘的結果。

　　《三國演義》有個橋段：張飛命令范強、張達在3天內集齊全軍需要的白旗和白甲，以便全軍將士掛孝去討伐東吳。如果無法集齊而延誤戰機，就要軍法處置。這是個不可能的任務。2天後，范強和張達苦苦哀求張飛寬限幾天，但張飛不同意，還把他們綁到樹上各打50鞭。打完後，張飛冷冷地命令他們明天必須備齊，否則要殺他們示眾。結果，當晚范強和張達殺了張飛，提著人頭投奔東吳。

1-3

3方法聽取部屬匯報，
準確掌握工作進度

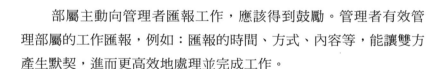

　　部屬主動向管理者匯報工作，應該得到鼓勵。管理者有效管理部屬的工作匯報，例如：匯報的時間、方式、內容等，能讓雙方產生默契，進而更高效地處理並完成工作。

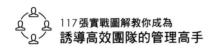
►►► 1. 跟部屬時間兜不攏？採取階段性匯報與3種形式

🔒 問題場景

在聽取部屬匯報的環節，我總覺得自己少了點什麼。

關於工作匯報，你的部屬表達過他們的不滿嗎？

我經常聽部屬抱怨我一會兒讓他們匯報，一會兒又說太忙沒空聽。

這就是問題所在，我們先改進這個問題。我建議你可以讓部屬做階段性匯報。

階段性匯報？意思是每隔一段時間讓部屬做一次匯報嗎？

可以這麼理解。階段性匯報的重點是讓部屬的匯報有規律、有計畫，讓他和你保持同個節奏。

問題拆解

　　工作匯報是上下級之間交流、溝通進度的好機會。然而，有時候部屬想匯報，管理者卻沒有時間，而有時候管理者想聽部屬匯報，部屬卻恰好有緊急工作要處理，導致雙方在工作匯報上頻率不同。如果部屬出於好意，想匯報工作進度，卻碰到管理者忙碌時，會不利於上下級之間交流工作的階段性進展，甚至打擊部屬匯報工作的積極性。

實用工具

工具介紹

階段性工作匯報

　　管理者和部屬可以根據工作進展的情況，約定幾個階段性匯報時間。這個時間最好有一定的規律和計畫，例如：每週一、三、五的9:30～11:30是部屬匯報的時間。針對某項特定工作，可以約好特定的匯報時間，例如：對於A工作，管理者和部屬約定在每週三的10:00討論進展情況。

┤ 與部屬約定階段性匯報的 3 個注意事項 ├

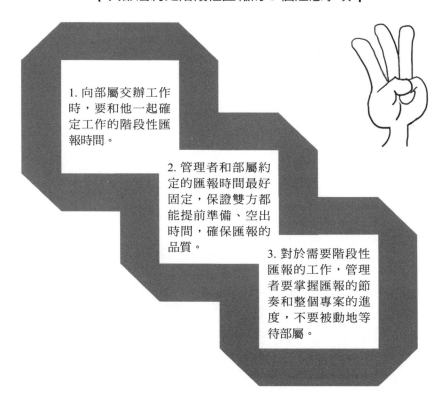

1. 向部屬交辦工作時，要和他一起確定工作的階段性匯報時間。

2. 管理者和部屬約定的匯報時間最好固定，保證雙方都能提前準備、空出時間，確保匯報的品質。

3. 對於需要階段性匯報的工作，管理者要掌握匯報的節奏和整個專案的進度，不要被動地等待部屬。

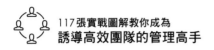

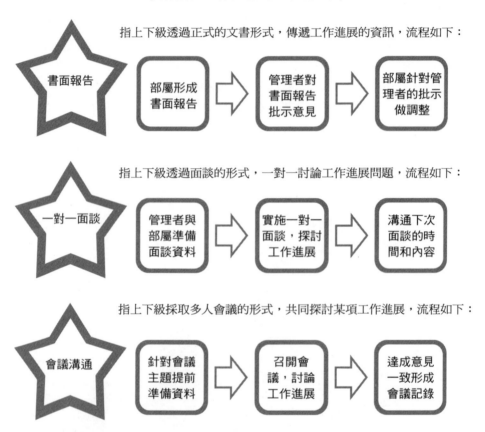

書面報告 — 指上下級透過正式的文書形式，傳遞工作進展的資訊，流程如下：
部屬形成書面報告 ⇨ 管理者對書面報告批示意見 ⇨ 部屬針對管理者的批示做調整

一對一面談 — 指上下級透過面談的形式，一對一討論工作進展問題，流程如下：
管理者與部屬準備面談資料 ⇨ 實施一對一面談，探討工作進展 ⇨ 溝通下次面談的時間和內容

會議溝通 — 指上下級採取多人會議的形式，共同探討某項工作進展，流程如下：
針對會議主題提前準備資料 ⇨ 召開會議，討論工作進展 ⇨ 達成意見一致形成會議記錄

貼心提醒

　　這3種階段性工作匯報的形式較正式，沒有絕對的優劣之分，分別適用於不同管理情況、文化背景、關注重點及工作場景等。此外，階段性匯報還可以採取非正式的形式，例如：走動式管理、非正式會議、非正式交流等。只要能達到階段性匯報的目的，讓管理者掌握各項工作的進展情況即可，匯報的形式可以更加多元和開放。

▶▶▶ 2. 聽取工作匯報時，用6步驟表達你的在意與關心

🔒 **問題場景**

聽部屬匯報工作是不是也有好方法？

聽部屬匯報時，可以先稱讚他。

不管他說什麼都要先稱讚嗎？

對，不論他匯報的工作是好消息還是壞消息，都要先稱讚他！

這會不會使稱讚顯得太隨意？

別誤會，稱讚是因為部屬匯報工作這個行為本身值得表揚。

這麼做有什麼好處？

人們會因為獲得正面回饋而持續做某件事。稱讚部屬就是對他匯報工作的正面回饋。

問題拆解

　　有時部屬興沖沖地向管理者匯報工作，卻因為內容是壞消息或匯報方式不對，換來一番批評。長期下來，部屬可能會畏懼匯報。對於部屬按時匯報，管理者應該先給予肯定，若工作情況有問題，管理者可以接著提醒或指正。在聽取部屬匯報的過程中，應該遵循基本的步驟。

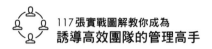

🔑 實用工具

工具介紹

聽取部屬匯報的6步驟（適用於口述類工作）

管理者聽取部屬匯報時，可以遵循以下6步驟：

1. 稱讚部屬主動匯報的行為。

2. 聽取匯報內容。

3. 一起發現工作中的異常狀況。

4. 一起制訂下一步工作計畫。

5. 約定好下次匯報或交流的時間。

6. 稱讚部屬現階段的工作成果，或再次稱讚主動匯報的行為，以正能量收場。

──┤ 聽取部屬匯報的 6 步驟 ├──

先稱讚

聽取匯報

查找異常

制訂計畫

約定時間

稱讚收場

聽取部屬工作匯報的原則是簡明、客觀、真實，以及充分準確的表達資訊。

 應用解析

┤ 聽取部屬匯報 6 步驟的注意事項 ├

1. 稱讚時不要刻意，也不要用相同的方式，更不需要每次都稱讚。

2. 聽取部屬匯報時，要多聽少說，最好不要打斷他。若覺得他的工作方向或方法有偏差，先記錄下來，等部屬結束後再提出意見，和他一起討論。

3. 對於部屬工作上的異常，要尊重事實、就事論事，不要憑感覺判斷，也不要做無謂的爭論。注意措辭，不要用極端字眼否定部屬。細節工作上抓大放小，求同存異。

4. 在制訂計畫的環節，要確認具體的完成時間、改進事項、各方責任、計畫跟進方式等。如果有必要，可以製作書面文件。

5. 約定下次匯報時間時，可以根據計畫中的追蹤時間，並且做好備忘，持續跟進。

6. 不論部屬有多少不足，收尾都要積極、正面，讓他感受到信心、期許、力量和希望。

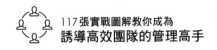
貼心提醒

　　聽取部屬匯報的整個過程，要圍繞當初設定的目標，如果目標發生變化，應按照當前最新標準評價部屬的工作。

　　管理者聽取匯報，除了可以確認部屬目前的工作進度、評價工作質量之外，還能藉機培養他的思考能力。管理者要表現出對部屬的關心，不能總是以問責的態度對待，或是只盯著工作本身。部屬在工作過程中獲得的成長，同樣很重要。

▶▶▶ 3. 沒人天生擅長匯報，如何引導成員說得有條理？

🔒 問題場景

有的部屬表達能力差、抓不到重點，有的部屬個性內向，聽他們匯報工作讓我好生氣。

沒有人天生就會匯報。面對這樣的部屬，你要多多包容和培養，教他們正確的匯報方法。

具體來說該怎麼做？

態度要以鼓勵和引導為主，不要立即提出負面評價。

這是為了給予部屬正面回饋嗎？

沒錯，持續的正面回饋能讓部屬建立信心，他們才會主動接受，不畏懼匯報，並主動學習匯報的技能。

問題拆解

　　很多部屬因為性格、能力等原因，不願意匯報或不懂如何匯報。這時候，如果管理者一昧苛責部屬，只會進一步加深他們的恐懼感，讓情況越來越糟。匯報其實是一種能力，既然是能力就可以培養。管理者要培養部屬這方面的能力，同時引導他主動學習。

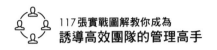
🔑 實用工具

工具介紹

部屬做匯報和計畫的步驟

　　不論是口述類匯報還是文書類匯報，都要先說結論，再說明這個結論是根據怎樣的分析得出，最後說明做出這些分析的事實依據是什麼。如果用報告的形式做匯報，最好以結論作為報告的標題，以大結論作為大標題，小結論作為小標題。

　　此外，匯報工作計畫時，要先說目標，再說明完成這個目標需要執行哪些任務，最後說明完成這些任務需要哪些具體行動。

─┤ 部屬匯報的參考步驟 ├─

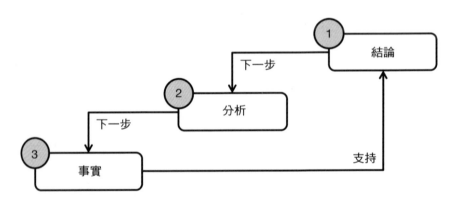

─┤ 部屬匯報工作計畫的參考步驟 ├─

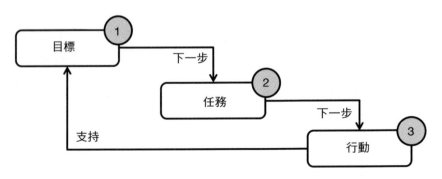

應用解析

┤ 引導部屬匯報的話術 ├

你到底想表達什麼？ → 我不太明白這個部分，可以請你更詳細地介紹一下嗎？

你說話怎麼那麼沒條理？ → 我剛才沒有聽清楚，可以請你再說一遍嗎？這一次你試著先講結論，再講具體內容好嗎？

你怎麼說了半天都沒有一句重點？ → 根據你前面說的內容，我們總結一下，你要表達的意思是什麼？我們現在的結論是什麼？

貼心提醒

　　與其死記硬背話術，不如掌握其中的原理，就能靈活運用。對待不會匯報的部屬，管理者要以鼓勵、引導和培養為主，持續給予正面回饋，讓他們建立匯報的信心，而不是一味責怪和埋怨。

第 **2** 章

如何召開會議，
花最少時間獲得最大成效？

本章背景

每次開完會，部屬都表現得好像和我有仇一樣……

具體有什麼表現呢？

情緒低落、唉聲歎氣、滿腹牢騷等等。

有可能是你開會的方式不對。

那要怎麼開會呢？

我們一起來探討如何高效開會吧！

2-1

充分利用會議時間，
關鍵在事前準備與多元形式

———————◇◇◇———————

　　開會有時間成本和機會成本。開會是多方為了完成某個目標，進行交流和溝通，而不是為了開會而開會。因此在開會前，要先考慮並釐清會議的目的與必要性。

▶▶▶ 1. 先問這件事需要開會嗎？釐清會議目的和時機

🔒 問題場景

我覺得自己在召開會議上可能有問題。

你一般會在什麼情況下召開會議？

沒有固定時間，通常是遇到大事，或某位部屬的工作遇到問題，才會開會討論。

與會人員與會議主題之間的關連性強嗎？

不強，部屬彼此之間的工作較獨立。

也許這正是問題所在，人們參與和自己關連性不大的會議時，會覺得時間被占用，而產生抵觸情緒。

那以後乾脆不開會了嗎？

不是不開會，而是在開會前先思考有沒有必要，再考慮需要哪些人員參與。

問題拆解

　　有的管理者為了增強團隊凝聚力，會讓成員相互討論、幫忙，因此經常召開會議。這種想法的初衷是好的，但是在成員工作關連性不大的情況下，效率較低。開會的目的是解決問題，但如果因此降低大部分員工的效率，則會影響他們的本職工作，反而形成一個大問題。

🔑 **實用工具**

工具介紹

召開會議的時機

　　會議不應隨意發起。在團隊中，如果要解決的問題只需要管理者和某位部屬溝通，兩人單獨溝通即可。如果這個問題很重要，需要讓其他成員知道，可以在總結經驗之後，在別的會議上公布解決問題的過程和結果，供團隊成員參考，而不必讓他們參與這個解決過程。如果需要多人參與解決，可以在相關的多人之間發起臨時會議，不相關的人則不必參加。

━━━━┤ 適合召開會議的 4 種情況 ├━━━━

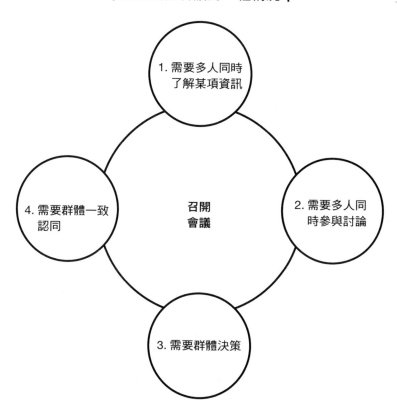

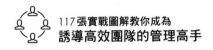

─┤ 選擇與會人員的 5 個原則 ├─

每個與會人員都要和會議有關，不相關的人員不要參加。

與會人員當中要有了解會議主題情況的人，或是專業權威。

相關性

目的性　**權威性**

正向性　**決策性**

每個與會人員都應有一定的目的或目標。

與會人員對會議的影響應該是正向的，或對會議召開的過程和意義有正面效果。

與會人員當中要包含能對會議主題得出結論，並做出決策的人。

貼心提醒

　　管理者每次召開會議前，應考慮好需要哪些成員參與。如果讓不相關的人參加，容易提高會議成本。與會人員也不是越少越好，如果應該參與的人沒有參與，反而會降低效率，無法發揮會議的效果。

▶▶▶ 2. 遠端會議能突破時間與空間的限制，但要注意4件事

🔒 問題場景

有時候想開會，但總有必須參與的成員無法到場，導致無法召開的情況。

即使這樣也不是不能開會，你可以試著用電話、網路等方式召開遠端會議，擺脫空間限制。

這種會議形式我確實很少用。

除了擺脫空間限制之外，還可以擺脫時間限制。很多社交軟體既能即時連絡，又能保留資訊。如果不需要即時回覆，可以採取這種方法。

是的，可以根據需求調整會議形式，將開會成本最小化，效率最大化。

原來會議形式有這麼多種！

問題拆解

　　任何會議都有成本，有時候成本高到難以實現。從本質上來說，開會的目的是資訊互通，要達成這個目的，不一定要所有人同時間聚集在同個地點。實現資訊互通的方式有很多，因此開會可以採取更多元的形式。這些形式能擺脫時間和空間的限制，提高效率、降低成本，達到會議的目的。

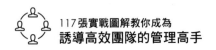
🔑 實用工具

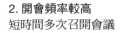

遠端會議

　　遠端會議是指運用各類通訊手段，在不同地點、不同時間召開的會議。常見的形式包括網際網路的影音會議、電話會議等。這些形式能讓開會擺脫空間限制，讓與會人員可以在自己的辦公桌前、交通工具上，甚至在國外開會。

　　對於不要求即時回應的會議，可以採用社交軟體上的群組會議形式，例如：針對某個不緊急的問題或是某個非重點的專題，召開討論會等。召開這種會議時，成員只需要在一定時間內回覆，不需要即時回應，也不用花時間等待別人輪流發言。

──────┤ 適合召開遠端會議的 4 種情況 ├──────

2. 開會頻率較高
短時間多次召開會議

3. 開會成本較高
預期成本高於收益

1. 物理空間受限
與會人員彼此空間距離遙遠

4. 時間不固定
與會人員彼此時間不一致

應用解析

召開遠端會議的 4 個注意事項

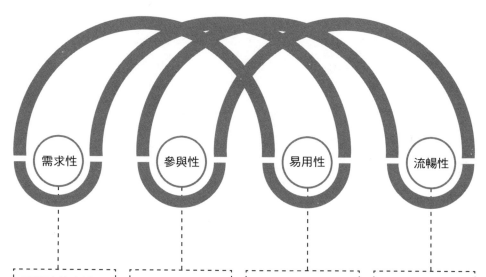

需求性　　　參與性　　　易用性　　　流暢性

召開遠端會議同樣要考慮需求，有的需求適合遠端會議，有的則不適合。另外，遠端會議也需要提前籌劃、召集、管理。

遠端會議也有成本，不是隨便想開就能開，因此遠端會議和一般會議一樣，要考慮參與者的必要性。與會議無關的人不需要參加。

遠端會議需要使用容易上手的設備。最好操作簡單、介面乾淨，讓第一次參與的人也能快速上手。同時，軟體最好有記錄功能，以便核查、重組或存檔。

召開遠端會議需要注意設備的訊號或網路品質，保證會議的交流過程流暢，不出現停頓或時差。

貼心提醒

　　想召開有效的遠端會議，需要具備一定的硬體和軟體條件。硬體條件是指設備方面，包括召開遠端會議必備的器材、設備等硬體；軟體條件是指與會人員方面，包括對遠端會議的認知和參與經驗。

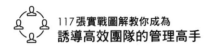
▶▶▶ 3. 開會前的準備工作，除了確定主題和形式，
　　　還要……

🔒 問題場景

我發現會議經常沒結果，開到最後就忘了一開始為何要開會。

或許是因為沒提前想好會議目的。

我們開會的目的性很強，只是經常說著說著就離題。

那就要確立好**會議主題**。

有時候主題明確，可是討論一會兒發現原來的問題不但沒解決，反而出現一堆新問題，感覺越開會問題越多。

除了做好會議準備之外，還要選好會議主持人，控管整個會議的節奏。

原來是這樣！以後我要控管會議目的和主題，做好主持人的角色。

主持人不一定每次都由你擔任，可以試著跳出會議，管理事前準備和運行工作，擔任監督、指導的角色。

問題拆解

1. 會議過程出現偏差，通常是因為準備不足。
2. 不要開沒有準備、目的不明確、主題不清楚的會議。
3. 會議主持人控管整體會議，對於完成會議目標至關重要。

🔑 實用工具

工具介紹

會議前的準備環節

　　俗話說：「凡事預則立，不預則廢。」要保證會議有效運行，需要在召開會議前做好充足準備。

　　召開會議前，除了要確定時間和地點，選擇會議形式、設備、與會人員之外，還要提前釐清目的、設定主題、制訂流程、挑選主持人和相關負責人。

── 召開會議前的流程 ──

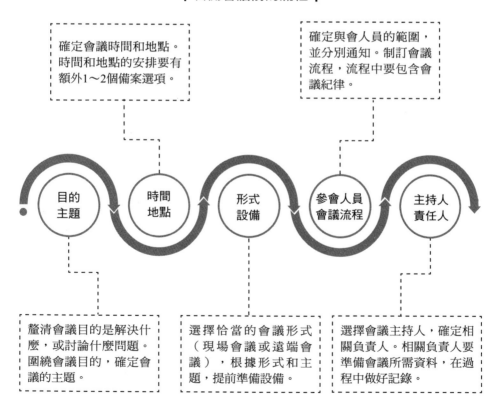

確定會議時間和地點。時間和地點的安排要有額外1～2個備案選項。

確定與會人員的範圍，並分別通知。制訂會議流程，流程中要包含會議紀律。

目的 主題　　時間 地點　　形式 設備　　參會人員 會議流程　　主持人 責任人

釐清會議目的是解決什麼，或討論什麼問題。圍繞會議目的，確定會議的主題。

選擇恰當的會議形式（現場會議或遠端會議），根據形式和主題，提前準備設備。

選擇會議主持人，確定相關負責人。相關負責人要準備會議所需資料，在過程中做好記錄。

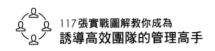
 應用解析

─────────────┤ 選擇會議主持人的方法 ├─────────────

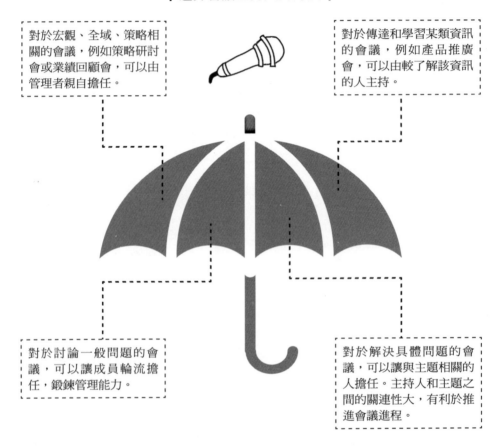

對於宏觀、全域、策略相關的會議，例如策略研討會或業績回顧會，可以由管理者親自擔任。

對於傳達和學習某類資訊的會議，例如產品推廣會，可以由較了解該資訊的人主持。

對於討論一般問題的會議，可以讓成員輪流擔任，鍛鍊管理能力。

對於解決具體問題的會議，可以讓與主題相關的人擔任。主持人和主題之間的關連性大，有利於推進會議進程。

貼心提醒

　　有時候，會議主持人決定了會議的品質和效率。好的主持人能讓會議始終聚焦在主題上，即使過程中出現偏差，也能拉到正確的方向。
　　會議主持人不一定每次都由管理者親自擔任，可以根據情況讓不同成員擔任，藉此鍛鍊他們的能力。管理者可以監督，從整體上控管會議的進程。

2-2
會議有3種類型，
主管不要當傳話筒和播放器

———————————◆◇◆———————————

　　團隊會議可以分成3種，分別是「由上而下」、「由下而上」及「全員參與」的會議。這3種類別有不同的定位和目的，分別對應不同的會議策略、操作方法及會議節奏。

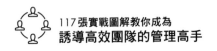
▶▶▶ 1. 第1種「由上而下」，向部屬傳遞資訊不超過5項

🔒 問題場景

平時應該開什麼樣的會議比較好？

常開的會議類型有3種，包括由上而下、由下而上、全員參與。

什麼是由上而下的會議？

它是指資訊流由上而下的會議。

我想設立晨會制度，它屬於這種類型的會議嗎？

如果為了交辦工作，就屬於這種類型。若每天都要開，建議時間短一點，一般來說不超過半小時。

問題拆解

　　團隊中經常召開的會議類別有3種，分別是由上而下、由下而上、全員參與的會議。這些類別各有不同的特點和策略，根據會議類型，應採取不同的管理方式。

🔑 實用工具

工具介紹

由上而下的會議

　　由上而下的會議是指**由上而下傳遞資訊的會議**，一般是由管理者發起。這類會議多用於上級（主管）向下級（部屬）傳遞資訊，可以用來傳達公司的通知、指示、制度等資訊，也可以用於管理者本人向相關人員交辦工作。在這類會議中，管理者發言的時間和內容通常比部屬多。

　　由上而下的會議可以定期召開，例如：一週一次、一季一次或每年度等。

┤ 由上而下會議的層次 ├

每天
每週
每月
每季度
每年
臨時的

時間／頻率

交辦工作
傳達通知
學習制度

目的／目標

常見的由上而下會議：每天的工作交辦會議、每週的傳達通知會議、每月的學習制度會議等。

💡 應用解析

──────────┤ 由上而下會議的注意事項 ├──────────

人的注意力和記憶力有限，如果在一次會議中傳遞太多資訊，會降低效率。傳遞的重點資訊最好控制在5項以內，而且要分清楚順序。

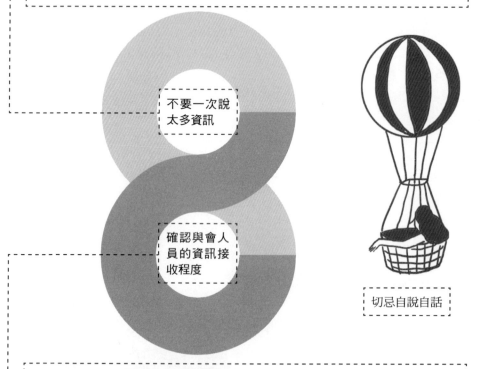

不要一次說太多資訊

確認與會人員的資訊接收程度

切忌自說自話

傳遞完資訊之後，要確認他們是否完全接收。若是交辦工作，可以在交辦後隨機抽查，請他們複述；若是傳達公司制度，可以在結束後做個測試。

貼心提醒

　　由上而下的會議大多數是由管理者發起，容易出現隨意召開、不考慮目標、不做後續追蹤等問題。因此，召開這類會議要慎重，遵循會議準備的流程，做好過程控管。

▶▶ 2. 第2種「由下而上」，主管應如何回應
部屬的報告？

 問題場景

那麼，由下而上會議是指資訊流由下而上嗎？

是的，這類會議一般是部屬報告，管理者評價。

我覺得部門有必要開下班前的會議，我可以把它定義成這類型的會議嗎？

當然可以，建議你以部屬的工作匯報為主，但時間不要太長。一般應控制在半小時內。注意部屬的節奏，每個人匯報重點結果即可。

定期的工作回顧會議多久召開一次較合適呢？

不一定，要看工作成果的週期和團隊人數，通常以週度或月度的情況居多。

問題拆解

　　不論是哪種會議都要注意控管時間。如果會議是以部屬的匯報為主，管理者要掌握部屬的節奏，讓每個人說重點，細節可以在後續工作中個別交流。此外，可以根據部屬的進度設置定期回顧會議，或根據工作進展情況設置不定期的匯報會議。

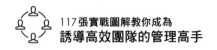
🔑 實用工具

工具介紹

由下而上的會議

　　由下而上會議是指**由下向上傳遞資訊的會議**，有時候是由管理者發起，有時候是由部屬主動發起。這類會議的主要內容是對部屬的工作進行評估、回顧、展望，以及制訂下一步的計畫等。這類會議中，部屬發言的時間和內容通常比管理者多。

　　由下而上的會議同樣可以定期召開，例如：一個月一次、一季一次等，也可以不定期召開，例如：按照進展情況約定召開時間。

── ┤ 由下而上會議的層次 ├ ──

時間／頻率

每天
每週
每月
每季
每年
約定的

工作評估
專案進展評估
業績評估
工作成果報告
工作匯報
工作展望
工作計畫

目的／目標

由下而上會議常見的有：每天的工作評估會議、每週的專案進展評估會議、每月業績評估會議、每年的工作成果報告會議等。

 應用解析

──────────┤ 工作評估會議的週期參考 ├──────────

集團公司級工作評估會議
參考週期：月度、季度、年度
參考人數：10000人以上

業務單位級工作評估會議
參考週期：月度、季度
參考人數：100～10000人

部門級工作評估會議
參考週期：週度、月度
參考人數：10～100人

班組級工作評估會議
參考週期：天、週度
參考人數：10人以內

貼心提醒

　　在由下而上的會議中，管理者要注意自己在會議中的價值，因為這類型會議通常需要部屬匯報工作情況，因此管理者的回應非常重要。同時，要注意控管會議主題和進度，並掌握整個會議的節奏。

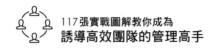

▶▶▶ 3. 第3種「全員參與」，要做出階段性的結論或方案

🔒 問題場景

全員參與會議是指整個團隊都參加的會議嗎？

沒錯，主要是用來解決某個問題或得出某個結論，需要全員參與。和其他會議不同的是，這類會議討論的問題最好與所有與會人員有關，而且結束後要得出結果。

結果是指什麼呢？

可以是會議討論後關於某個問題的結論，也可以是解決某個問題的方案，總之不可以不了了之。

召開這類會議的頻率應該多久一次？

根據情況靈活召開即可，但不建議頻繁召開。

問題拆解

　　全員參與的會議是全員「參與」，而非「參加」。參與和參加的含義不同，參與不僅是參加，還要雙向且充分地交流資訊，而單向或不充分地交流資訊則屬於參加。在會議中，只要出席就算參加，但出席不等於參與。因此，在由上而下或由下而上的會議中，有時候可能是全員參加，卻不一定是全員參與。

實用工具

工具介紹

全員參與的會議

　　全員參與的會議是指**團隊中全體成員共同參與的會議**，經常用於討論某件事或解決某個問題。這類會議中討論的問題應和所有與會人員有關，而且會議結束後要得出結果。

　　召開這類會議的頻率較靈活，若不是特別重要事項或是確實需要全員參與討論的事項，通常不用召開。全員參與的會議應以成本最小化、盡量不影響全員正常工作為原則。

┤ 全員參與會議的層次 ├

時間／頻率

根據事項需要
不定期展開

徵求某方面意見
討論某個方案
得出某個結論
制訂某項政策
做出集體決策

目的／目標

全員參與會議通常是團隊要實行某項制度，需要全體成員提出意見而舉辦的會議。

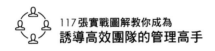

 應用解析

─┤ 召開全員參與會議的 4 個注意事項 ├─

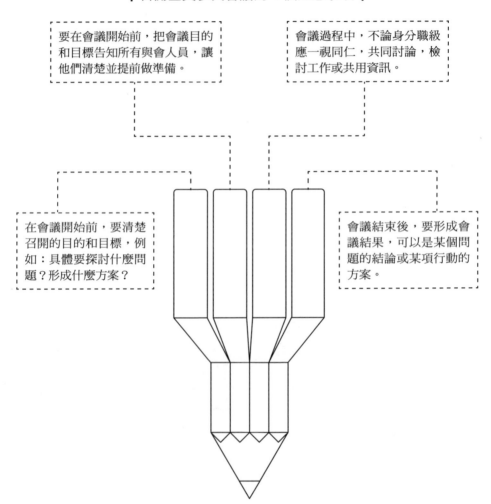

要在會議開始前，把會議目的和目標告知所有與會人員，讓他們清楚並提前做準備。

會議過程中，不論身分職級應一視同仁，共同討論，檢討工作或共用資訊。

在會議開始前，要清楚召開的目的和目標，例如：具體要探討什麼問題？形成什麼方案？

會議結束後，要形成會議結果，可以是某個問題的結論或某項行動的方案。

貼心提醒

　　全員參與的會議不可以結束後就不了了之、沒有結果。即使沒有最終結論，也要有階段性結果，也就是為了得出最終結論做好準備。

2-3

會議的輸入與輸出，
影響團隊的運轉效率

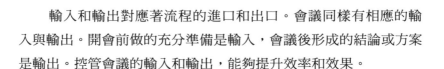

　　輸入和輸出對應著流程的進口和出口。會議同樣有相應的輸入與輸出。開會前做的充分準備是輸入，會議後形成的結論或方案是輸出。控管會議的輸入和輸出，能夠提升效率和效果。

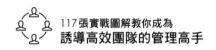

▶▶▶ 1. 怎麼控管開會時間？要徹底遵守會議流程和規則

🔒 問題場景

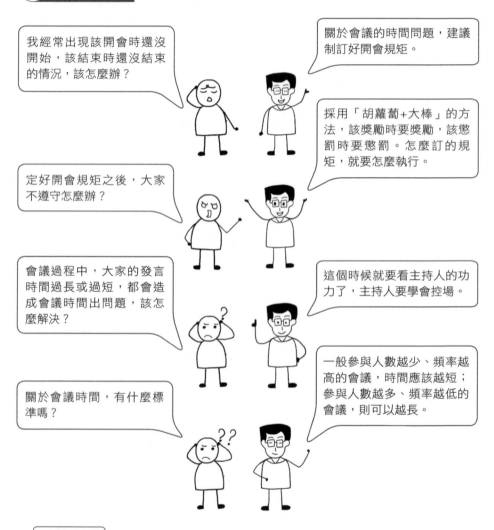

> 我經常出現該開會時還沒開始，該結束時還沒結束的情況，該怎麼辦？

> 關於會議的時間問題，建議制訂好開會規矩。

> 採用「胡蘿蔔＋大棒」的方法，該獎勵時要獎勵，該懲罰時要懲罰。怎麼訂的規矩，就要怎麼執行。

> 定好開會規矩之後，大家不遵守怎麼辦？

> 會議過程中，大家的發言時間過長或過短，都會造成會議時間出問題，該怎麼解決？

> 這個時候就要看主持人的功力了，主持人要學會控場。

> 一般參與人數越少、頻率越高的會議，時間應該越短；參與人數越多、頻率越低的會議，則可以越長。

> 關於會議時間，有什麼標準嗎？

問題拆解

　　俗話說：「沒有規矩，不成方圓。」開會的規矩影響著會議的效果。有了規矩就要堅決執行，管理者需要以身作則，堅決遵守和執行。

 實用工具

工具介紹

會議流程

　　會議流程是指會議的進行過程，內容包括開始與結束時間、發言順序、每個時段的主題或內容、每個主題或內容的具體要求、得出結論的方式、每個階段的負責人等。

　　會議流程要提前發給所有與會人員，讓他們按照要求提前做好準備。會議過程中，所有與會人員都要遵守流程的要求。主持人要敢於提醒和打斷發言時間過長、說話沒重點的人，善於引導發言時間過短、內容少的人，從整體上掌控時間。如果主持人這方面的能力較弱，那麼管理者在會議中的角色就很重要。

| 會議流程參考範例 |

時間	主題／內容	要求	負責人
9:15～9:30	簽到	所有與會人員到場後簽到	會務組小王
9:30～9:45	會議開場	提出會議要求	主持人小李
9:45～10:30	研討A問題	所有與會人員發言5分鐘	主持人小李
10:30～10:45	休息	期間不得離開主會場	會務組小王
10:45～11:30	研討B問題	所有與會人員發言5分鐘	主持人小李
11:30～11:45	總結A問題和B問題的研討結論	與會人員可隨時發表意見	主持人小李
11:45～12:00	形成會議決議，並形成具體行動方案	根據研討內容得出行動方案，要可執行、可實施、有時間限制、有負責人	管理者老胡

應用解析

──────────┤ 一般企業會議時間的參考範例 ├──────────

每天召開一次的會議	每週召開一次的會議	每月召開一次的會議
半小時以內	2小時以內	4小時以內

每季度召開一次的會議	每年召開一次的會議	臨時的全員參與會議
8小時以內	16小時以內	8小時以內

臨時的非全員參與會議

4小時以內

貼心提醒

　　以上的會議時間僅供參考，請以實際需求為準。

　　會議時間絕不是越長越好，設計會議時間的總體原則是用最少的時間完成目標。要有效控制會議時間，策劃人、主持人、與會的最高管理者都要做好控管工作。解決問題的效果和會議時間長短沒有直接關係，會議前期準備得越充分，效率越高、效果越好。與其把時間花在會議過程中，不如把時間用在準備上。

▶▶▶ 2. 避免會後不了了之，寫好會議記錄提醒參與者

🔒 問題場景

我覺得很多會議結果最終好像都不了了之。

你可以檢查會議的輸出是否出問題。會議的輸出也稱作會議結果。會議有結果，工作才能落地。

建議你在會議結束時形成會議記錄。透過查看會議記錄提醒自己要做什麼。

可是我經常會忘記結果。

不論會議的規模，都要有會議記錄。較小的可以簡單記錄，較大的可以詳細記錄。

我以前總覺得會議記錄很麻煩，尤其是時間較短的會議，所以沒有要求這方面。

問題拆解

　　很多時候，雖然部屬知道會議最後得出某個結論，卻不知道和自己的工作有何關係，因此無法採取行動。有時候即使部屬知道和自己的工作相關，但如果沒有具體要求、記錄、輸出資料或相關安排，就可能忽視結論，導致會議沒有效果。

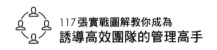

🔑 實用工具

工具介紹

會議的輸入和輸出

　　會議的輸入是指組成會議的所有要素，包括會議主題、與會人員、會議流程等；會議的輸出是指會議的產出結果。

　　做好會議的所有輸入工作後，還要適當的控管過程，才會得到想要的輸出。為了便於評估會議結果，會議輸出應以會議記錄的形式出現。

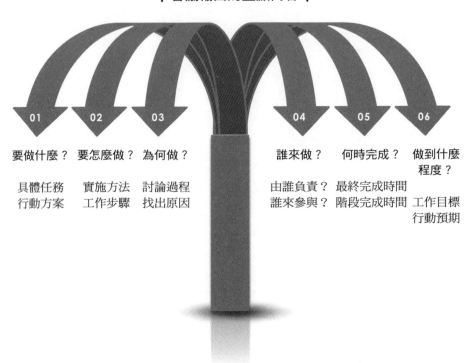

┤ 會議輸出的重點內容 ├

01	02	03	04	05	06
要做什麼？	要怎麼做？	為何做？	誰來做？	何時完成？	做到什麼程度？
具體任務 行動方案	實施方法 工作步驟	討論過程 找出原因	由誰負責？ 誰來參與？	最終完成時間 階段完成時間	工作目標 行動預期

應用解析

┤ 會議記錄樣表 ├

主題		記錄人	
時間		地點	
與參人員			
會議記錄 報送部門			

序號	議題	結果／結論	工作目標	工作任務	任務 完成時間	負責人	監督人
1							
2							
3							
4							
5							
6							

貼心提醒

　　不論會議的目的、主題和目標是什麼，最後都要輸出結果。除了某種結論或某個方案之外，還要有具體的行動要求和工作安排。唯有如此，部屬才能清楚知道具體上要做什麼，這樣會議結果才可能落地。會議記錄不是越複雜或越詳細越好，而是根據需求設計最適合的格式。

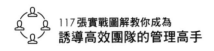
▶▶▶ 3. 開這些會有什麼效用？從4層面評估品質與價值

🔒 問題場景

如何判斷會議開得成不成功？

會議也有品質好壞，可以藉由會議實現的價值來判斷。

那麼由誰來評估會議價值呢？

由管理者評估是最合適的。

該怎麼評估呢？

較直接的做法是評估會議記錄中的工作目標、完成時間和負責人。

除了評估會議結果之外，也可以總結、評估籌備階段和運行過程。這麼做有助於發現會議存在的問題，讓開會更高效。

太好了！以後我能保障會議的品質了！

問題拆解

　　高效的會議價值較高，低效的會議則較低。這裡對會議品質和價值的判斷，要根據結果來評估。這一步是保證企業未來持續高效運轉的關鍵。

🔑 **實用工具**

工具介紹

評估會議品質

　　評估會議品質是指評價會議結果與預期相比的完成度。

　　這對管理者來說意義重大，一般應由管理者掌控。若交給部屬，一方面有職級限制，很難對同階級或上級負責人追責。另一方面，部屬很容易把這項工作當成任務，難以針對問題充分交流。管理者可以將事務性工作（例如蒐集資料），或是較簡單的評估會議後續工作，交給部屬執行。

　　評估會議品質不應等到任務完成時才做，在完成之前就應該監控過程，這樣才有助於發現問題並及時調整，以達到預期結果。

────┤ 評估會議品質的 4 個層面 ├────

指會議中要求員工改變的行為，是否真正得到改變。

指會議總體的組織情況，包括前期準備、中期控管情況，或是與會人員對會議組織的滿意度。

評估組織層面

評估認知層面

評估行為層面

評估結果層面

指工作後，成果是否展現在價值結果上，或者是否創造價值。

指會議中，與會人員是否已全部獲取應獲得的資訊。

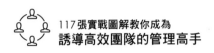

應用解析

┤ 評估會議價值參考範例 ├

某企業的某類產品銷量有下滑趨勢，部門針對此問題召開會議後，評估接下來的產品銷售業績情況，得出的結果如下表。

分類	開始日期	結束日期	20×2年業績		20×1年業績	
			銷售金額	毛利額	銷售金額	毛利額
開會前	20×2-6-12	20×2-6-18	5032487	1135487	5132574	1237425
	20×2-6-19	20×2-6-25	6095294	1513792	5901714	1420305
開會後	20×2-6-26	20×2-7-2	5793909	1467626	5444911	1297784
	20×2-7-3	20×2-7-9	5630053	1444738	5255109	1283352
	20×2-7-10	20×2-7-16	6035636	1640722	5428318	1314703
	20×2-7-17	20×2-7-23	11062800	1738222	9521474	1469179
	20×2-7-24	20×2-7-30	6888144	1535316	6024382	1232302
分類	開始日期	結束日期	銷售額同期比	銷售率同期比	毛利額同期比	毛利率同期比
開會前	20×2-6-12	20×2-6-18	-100087	-2%	-101938	-8.2%
	20×2-6-19	20×2-6-25	193579	3.3%	93488	6.6%
開會後	20×2-6-26	20×2-7-2	348997	6.6%	169843	13.1%
	20×2-7-3	20×2-7-9	374944	6.9%	161386	12.6%
	20×2-7-10	20×2-7-16	607318	11.2%	326019	24.8%
	20×2-7-17	20×2-7-23	1541326	16.2%	269043	18.3%
	20×2-7-24	20×2-7-30	863762	14.3%	303014	24.6%

貼心提醒

　　在上述例子中，透過開會前後產品銷售業績的對比，可以看出銷售業績與同期業績對比的變化情況，判斷召開會議的價值。業績好轉，證明會議有價值。

　　這裡要注意，銷售業績的變化與許多因素有關，不能簡單認定全是開會的功勞。

第 3 章

激發「銷售團隊」，
發揮最強戰鬥力擊敗對手

銷售團隊真難管理,感覺員工都很精明,管理他們不如安穩地當個業務。

公司選你做銷售經理表示認可你的能力,也代表你具備這方面的潛質。

我怎麼都沒發現自己有這方面的潛質?

你才剛開始做管理者,難免會不適應。只要掌握帶團隊的方法,不僅可以很快適應管理者的角色,還能輕鬆完成工作!

你有什麼好方法嗎?

我們從穩定人心、提升業績和掌握市場3方面,探討如何管理銷售團隊。

3-1
業務員的競爭壓力大，該如何穩定人心？

　　銷售團隊通常有明確的業績要求和壓力，導致成員情緒波動較大且穩定性不高。這要求銷售團隊的管理者具備穩定人心的能力，才能有效應對團隊中的各類矛盾和衝突。

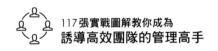
▶▶▶ 1. 這樣互動與回饋，可以拉近主管與部屬的距離

🔒 問題場景

問題拆解

　　管理者的回饋方式會影響部屬的行為。交流時的回饋，是讓對方知道自己對某個問題秉持什麼態度，有什麼樣的想法。如果一方的回饋度低，另一方很難知道對方在想什麼，而且有些低回饋度的語言讓人覺得不被尊重。相反地，如果雙方都採用高回饋度的語言，便能獲得對方充足的資訊，同時感受到對方非常認真投入到交流中，感覺自己受到尊重。

🔑 實用工具

工具介紹

高反饋度的語言

語言回饋是指雙方交流時，在一方提出一種資訊後，另一方透過語言做出反應。這裡的語言可以是聲音語言、肢體語言或表情語言。聲音語言是指透過發出聲音表達的語言；肢體語言是指透過肢體動作表達的語言；表情語言是指透過面部表情表達的語言。

管理者為了和部屬拉近距離、傳達善意、交流資訊，可以採用高回饋度的語言。高回饋度的語言是指，給予對方回饋的資訊豐富、方式多樣的回饋語言。

────────┤ 交流中，語言回饋非常重要 ├────────

檔案上傳中……

70%	

剩餘時間：1分鐘

傳輸檔案過程中顯示的進度條、百分比及剩餘時間，就是一種回饋。

想像一下，如果傳輸檔案時沒有這些回饋資訊，不知道何時才能傳輸完成，會不會讓人很焦慮？

- -

```
        7樓
         ⇧
```

電梯顯示板上的樓層資訊、當前正在向上或向下的資訊，也是一種回饋。

想像一下，如果沒有這些回饋，人們不知道電梯現在處在什麼位置、不知道何時來、何時到達，會不會非常焦慮？

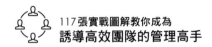
應用解析

┤ 高回饋度語言和低回饋度語言的差異 ├

面對面直視對方，向對方表達
肯定的肢體語言

不看對方，肢體語言傳遞的資
訊不明確，讓人感到疑惑

表情投入，持續點頭

VS

神態冷漠，面無表情

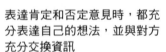

表達肯定和否定意見時，都充
分表達自己的想法，並與對方
充分交換資訊

表達肯定意見時只用「嗯」，
表達否定意見時只說「不
行」，甚至不說話

貼心提醒

　　在運用高回饋度語言時，要全心全意投入與對方的交流中，不要
左顧右盼，更不要一邊看手機或電腦，一邊和別人交流。

　　高回饋度語言的種類繁多、較靈活，應用時要因人而異，但原則
是讓對方感受到被尊重，同時還要充分交換資訊。

▶▶▶ 2. 談話中部屬的對抗有4種類型，得先釐清才能化解

🔒 問題場景

> 該怎麼解決銷售業績差的問題？我一提到業績差，部屬就說是公司問題。我不敢施加太大的壓力，怕他們跳槽，這樣不僅要重新培養新人，還相當於幫競爭對手培養人才。

> 該說的話還是要說。否則怎麼改善業績？部屬怎麼成長？

> 人們都不喜歡壓力和責任，因此針對這類問題與部屬談話時，他們難免會有點抗拒。

> 感覺和部屬開啟業績問題的對話像是一種博弈。

> 你可以保持客觀、獨立思考、理智回應、改進方案。

> 的確，我要如何應對這種狀況？

問題拆解

　　在談話中，部屬的對抗情緒通常來自於對自身的高度評價，當現實與自我評價相悖時，人們有逃離現實的傾向。對於一些具備一定挑戰性和壓力的職位，部屬的對抗情緒可能格外明顯，管理者應理性面對。

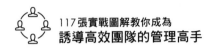
🔑 **實用工具**

工具介紹

處理部屬對抗情緒的方法

部屬壓力越大,談話過程中產生的對抗情緒可能越大,管理者要鍛鍊自己的應對能力。當部屬出現對抗情緒時,應保持鎮定、積極應對,盡量緩解他的情緒,並把焦點拉回工作上。

處理談話過程中的對抗情緒有3個關鍵,分別是保持理智、傾聽心聲和客觀判斷。

┤ 處理部屬對抗情緒的 3 個關鍵 ├

管理者面對部屬的對抗,不能亂了心智,不要慌張,也不要用對抗來回應,而是保持客觀、了解狀況、獨立思考,不被部屬的情緒帶著走。

傾聽和思考部屬的觀點,讓他充分表達,找到他想表達的關鍵資訊或核心思想,判斷他說的是客觀事實還是主觀判斷,以及是否有理有據。

保持理智

傾聽心聲

客觀判斷

判斷部屬表達內容的合理性,如果合理,應該考慮並給予一定的空間。如果不合理,那麼應該以事實為依據,給部屬回饋,和他一起思考和尋找解決方案。

應用解析

┤ 談話中常見的 4 種對抗類型與應對策略 ├

領會部屬的真正想法，
但不要被他帶著跑，把
落腳點放在成果上。

若有需要可提供援助，
或從更高層管理者那裡
得到支援。持續關注這
些事，並留意狀況。

轉移型
常見說法：
· 事情是這樣的⋯⋯
· 我有苦衷⋯⋯

和部屬談話
常見的對抗類型

家庭狀況型
常見說法：
· 因為我家裡最近⋯⋯
· 我親人這段時間⋯⋯

找理由型
常見說法：
· 都是因為其他人的
　問題
· 都是因為⋯⋯，所
　以才⋯⋯

情緒反應型
1. 表現憤怒
2. 開始哭泣
3. 長時間沉默

如果原因合理，可以考
慮。如果原因不合理，
引導部屬把焦點回歸到
工作成果或行為上。

給部屬一點時間，放慢談
話節奏，讓他平靜下來。
不要與其對抗，也不要使
情況惡化。藉由開放式問
題提高他的參與感。

貼心提醒

　　部屬的對抗有時是抒發情緒，有時是表達資訊，不一定是對管理
者不敬。很多管理者為了表達對部屬對抗情緒的不滿，而用負面情緒對
待部屬。這麼做不僅無法解決問題，還可能引發矛盾，造成不良後果。

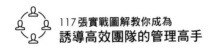
▶▶▶ 3. 人際衝突在所難免，運用ABCD原理妥善處理

🔒 問題場景

好多部屬像刺蝟一樣，我和他們常說著說著就吵起來。

能舉個例子嗎？

昨天看到某部屬在辦公室，我說「你真懶惰，整天在辦公室坐著怎麼會有業績？」他說他只是在做外出前的準備，後來我們吵起來了。

看來是你和他的溝通方式出了問題。

你是說問題出在我身上嗎？

是的，有時我們看到的不一定是事實。而且我們的判斷是主觀而非客觀。

可是這個部屬的業績確實不好。

有很多原因會造成業績不好，而不是給他定義成懶惰，以至於你看到他在辦公室就埋怨。如果他每天都不在辦公室就一定會有業績嗎？恐怕未必。

問題拆解

　　管理者對部屬主觀上的總結和判斷容易引發矛盾，產生人際衝突。為了避免這種衝突，雙方最好聚焦在客觀事實，而非主觀的人格判斷上。雙方一起面對、解決問題才是最重要的。

🔑 實用工具

工具介紹

產生人際衝突的ABCD原理

　　因為A客觀事實，產生B主觀感受，得出C抽象總結，做出D結論表達。以下舉個例子。

　　丈夫回家後，發現妻子已經到家。丈夫問：「煮飯了嗎？」妻子說：「沒有，叫外賣吧。」丈夫有些不高興，埋怨：「你怎麼那麼懶！」於是，一場家庭爭吵開始了。

　　「妻子沒做飯」是A客觀事實，「丈夫不高興」是B主觀感受，「妻子懶惰」是C抽象總結，「丈夫表達C」是D結論表達。

　　回過頭來看，妻子沒做飯，想叫外賣，就代表妻子懶惰嗎？不一定，妻子可能身體不舒服，也可能是下班去市場發現家人愛吃的菜賣完了，或是她拿到一張外賣優惠券。丈夫在不清楚事實的情況下，直接做出抽象總結和結論表達，必然會引發衝突。

　　在工作和生活中，這個原理是產生很多無效溝通和衝突的原因。

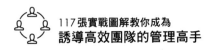

──────┤ 產生人際衝突的 ABCD 原理示意圖 ├──────

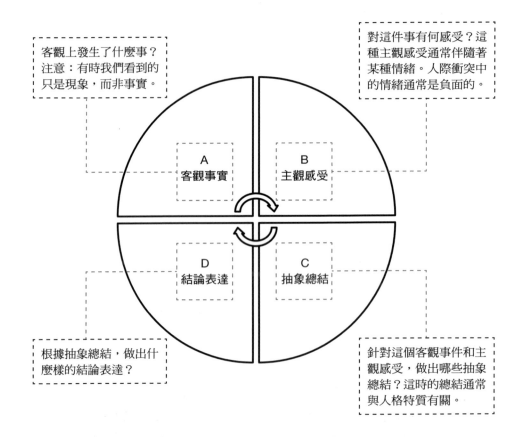

客觀上發生了什麼事？注意：有時我們看到的只是現象，而非事實。

對這件事有何感受？這種主觀感受通常伴隨著某種情緒。人際衝突中的情緒通常是負面的。

A
客觀事實

B
主觀感受

D
結論表達

C
抽象總結

根據抽象總結，做出什麼樣的結論表達？

針對這個客觀事件和主觀感受，做出哪些抽象總結？這時的總結通常與人格特質有關。

 **應用解析**

───┤ 用產生人際衝突的 ABCD 原理，避免無效溝通和衝突 ├───

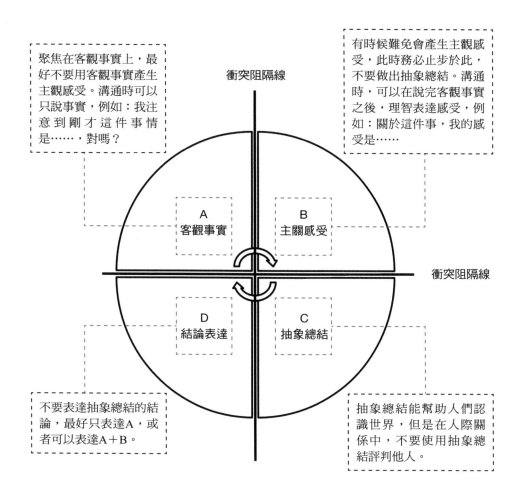

聚焦在客觀事實上，最好不要用客觀事實產生主觀感受。溝通時可以只說事實，例如：我注意到剛才這件事情是……，對嗎？

有時候難免會產生主觀感受，此時務必止步於此，不要做出抽象總結。溝通時，可以在說完客觀事實之後，理智表達感受，例如：關於這件事，我的感受是……

衝突阻隔線

衝突阻隔線

A
客觀事實

B
主觀感受

D
結論表達

C
抽象總結

不要表達抽象總結的結論，最好只表達A，或者可以表達A＋B。

抽象總結能幫助人們認識世界，但是在人際關係中，不要使用抽象總結評判他人。

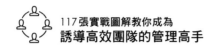
貼心提醒

在人際交往中，最容易引起衝突的部分是抽象總結（C）和結論表達（D）的環節。當主觀感受（B）產生時，通常會伴隨著情緒，這時候要留意，不在情緒的推動下進入C和D環節。

如果在ABCD原理中的C和D環節做出正面評價，並表達出正能量，則可以用在表揚和鼓勵上。

▶▶▶ 4. 想靠加薪提振士氣？不要調整固定薪資，
　　 而是……

🔒 問題場景

我想提高年資較長成員的固定薪資。

為什麼有這種想法？

如果沒有特殊原因，我建議不要這麼做。你身為銷售經理，應該知道人力成本與業績的比率。

很多資深業務反映薪資低，要求我調漲，我怕若不調漲，他們會離職。

就是投入的人力成本和能拿回的業績比率。平白無故增加基本薪資，業績不會增加。

那是什麼？

藉由提高薪資穩定團隊是可行的，但對於銷售團隊來說，最好不要提高固定薪資，而是鼓勵他們提升業績來提高浮動薪資。

我竟然沒有想到這點！但是，資深業務因為薪資低而離職怎麼辦？

問題拆解

　　提升銷售團隊的收入最好從浮動薪資下手。若擔心薪酬有問題，可以做薪酬調查研究，了解外部同類職位的薪酬狀況。調研時，要留意總薪酬，而不是只了解局部薪資或提成比例。總薪酬包括薪資、獎金、福利等可量化成財務數字的部分，以及其他不能量化的部分。

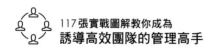
（🔑）**實用工具**

工具介紹

人力成本與業績的比率

　　人力成本與業績的比率，是指團隊獲得的回報和在用人上投資的成本之間的比率。

　　銷售團隊的用人投資成本，主要包括固定薪資和浮動薪資。固定薪資是無責任底薪，浮動薪資與業績的相關性較大。業績越好，浮動薪資越高；業績越差，浮動薪資越低。

　　銷售團隊獲得的回報是指團隊的銷售業績。管理者應對人力成本與業績的比率保持敏感，尤其是銷售業務部門主管。

────┤ 銷售團隊人力成本與業績的比率示意圖 ├────

用人投資	獲得回報
固定薪資　　浮動薪資	銷售業績

從財務結果來說，團隊的人力成本與業績的比率越低，代表團隊的用人效率越高。人力成本與業績的比率，可以作為判斷管理成本的指標。

 應用解析

┤ 人力成本與業績的比率應用 ├

　　某團隊部屬的固定薪資總額為100，浮動薪資總額為400，整個團隊產生的銷售業績為5000。這時候，可以簡單理解成團隊一共付出500的人力成本，得到5000的業績回報。人力成本與業績的比率為10%（500÷5000）。

固定薪資 100	浮動薪資 400

銷售業績 5000

　　假如固定薪資從100提高到200，浮動薪資不變。由於固定薪資缺乏激勵性，對銷售業績的影響很小，銷售業績有很大的機率保持在5000。這時候，相當於付出600的人力成本，得到5000的業績回報。人力成本與業績的比率為12%（600÷5000）。業績沒變，且人力成本與業績的比率增加。也就是說，團隊平白無故多付出100的人力成本，卻沒有得到相應的回報。

固定薪資 200	浮動薪資 400

銷售業績 5000

　　如果固定薪資不變，浮動薪資與業績之間的關係（比例）不變。浮動薪資由原來的400提高到800，增長一倍。這時候，代表銷售業績將增長一倍。

　　因此，用人投資回報率為9%（900÷10000）。業績提升，用人投資回報率也提升，實現雙贏。

固定薪資 100	浮動薪資 800

銷售業績 10000

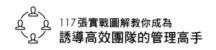
貼心提醒

　　想要穩定部屬的心，要展現出價值優先的概念。公司或團隊價值、部屬薪資，其實都是部屬透過自身勞動創造的。從薪資上穩定部屬，應該是鼓勵他們用業績說話。有好的業績、好的結果，浮動薪資自然會增加。

　　除了從薪資上穩定部屬的心之外，管理者平時對部屬的關心、幫助、支持、認可、信任等，同樣是好方法。物質激勵容易留住人，精神激勵則容易留住心。

3-2

連結成員與利益的關係，
能讓業績翻倍成長

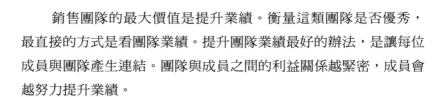

　　銷售團隊的最大價值是提升業績。衡量這類團隊是否優秀，最直接的方式是看團隊業績。提升團隊業績最好的辦法，是讓每位成員與團隊產生連結。團隊與成員之間的利益關係越緊密，成員會越努力提升業績。

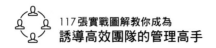
▶▶▶ 1. 怎麼增強團隊整體戰力？
   建構「組織能力三角框架」

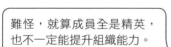
問題場景

我發現有些團隊裡都是精英，可是整體工作效率不高，這是為什麼？

因為不同團隊的組織能力不一樣。團隊也有能力大小之分，這種能力就叫組織能力。

組織能力大小和什麼有關？

團隊的工作效率除了與個體能力大小有關之外，還和個體的思維模式與組織協作方式有關。

難怪，就算成員全是精英，也不一定能提升組織能力。

沒錯，一昧追求個體的品質或數量，不是提升組織能力的有效方法。

問題拆解

　　即使團隊成員的個人能力普遍偏高，整體的組織能力也不一定強。組織能力和員工數量也沒有直接關係，員工數量多不代表組織能力強。相反地，如果成員之間的合作方式有問題，員工數量越多，組織能力反而越差。

🔑 實用工具

工具介紹

組織能力三角框架

　　團隊不是憑藉某個員工的個人能力，也不是靠著員工的數量取勝，而是運用正確的策略和一定的組織能力。組織能力是團隊發揮出的整體戰力，是團隊能夠超越競爭對手、為客戶創造價值的核心競爭力。

　　組織能力主要展現在治理員工的方式、員工能力、員工思維模式這3方面。想要提升組織能力，管理者可以分別從這3個方面著手。

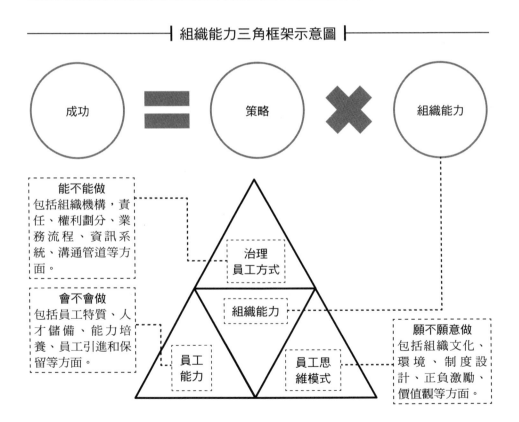

組織能力三角框架示意圖

成功 ＝ 策略 ✕ 組織能力

能不能做
包括組織機構，責任、權利劃分、業務流程、資訊系統、溝通管道等方面。

會不會做
包括員工特質、人才儲備、能力培養、員工引進和保留等方面。

治理員工方式

組織能力

員工能力

員工思維模式

願不願意做
包括組織文化、環境、制度設計、正負激勵、價值觀等方面。

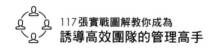
 應用解析

 ┤ 強化組織能力的方法 ├

調整組織機構、優化流程、知識管理、精益生產管理、建構資訊系統等，打造治理員工的方式。

透過評估員工能力、盤點人才、師徒制、建構體系、形成人才階梯、培養人才能力等方法，提升整體成員的能力。

管理者應以身作則，貫徹組織文化、實施績效考核及正負激勵、形成人才評價機制。

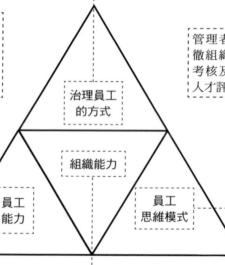

治理員工
的方式

組織能力

員工
能力

員工
思維模式

組織能力遵循著木桶原理，木桶中最短的木板決定裝水的容量。相對地，組織中最弱的環節，決定組織能力的強弱。強化組織能力，應全面發展3個層面，而不是只關注某個單一面向。

貼心提醒

　　強化組織能力較好的方式是查漏補缺。查找當前組織能力的薄弱環節，再針對該環節提出改進方案和行動措施。

▶▶▶ 2. 怎樣激勵部屬挑戰高績效？
採取「梯度提成比率法」

🔒 **問題場景**

我想用浮動薪資鼓勵成員，不過最近越來越沒方向。

為什麼這麼說？

人力成本與業績的比率不是完全不能降低，而是在當前的業績水準下，應保持這個比率，不能隨意降低。

如果當前人力成本與業績的比率無法降低，業務的浮動薪資比例政策似乎和原來沒什麼不同。如果沒有變化，還能提升業績嗎？

是的，為了激勵業務提升業績，銷售提成比率可隨著業績增長而提高，建議採取**梯度提成比率法**，也就是業績越高，銷售提成的比率越高。這種方式可以激發業務提升業績的動力。

也就是說，不必固守人力成本與業績的比率？

問題拆解

在一定的銷售業績範圍內，應遵循人力成本與業績的比率。

隨著銷量業績不斷增加，單位產品的生產成本逐漸降低。從理論上來說，在其他成本不變的情況下，浮動薪資總額每增加100，利潤即使增加101，對團隊來說也有利。管理者可以參考這個原理，設計梯度提成比率。

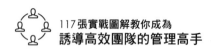
實用工具

工具介紹

梯度提成比率法

　　梯度提成比率法是指銷售業績越高，浮動薪資比率越高的提成方法。例如：當銷售業績為5000時，提成為400，提成比率為8%；當銷售業績為10000時，若按照8%的提成比率，提成應是800，但為了促進業務主動提高業績，可以將提成比率設為15%，此時的提成為1500。這種提成方法可以用在整個銷售團隊中，或是某種產品、某類職位上。

梯度提成比率法示意圖表

銷售業績	浮動薪資比率
小於或等於5000	8%
大於5000，小於或等於8000	10%
大於8000，小於或等於10000	15%
大於10000，小於或等於20000	30%

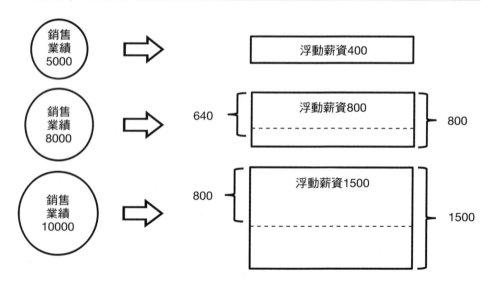

 **應用解析**

────────┤ 梯度提成比率法的應用 ├────────

> 某汽車銷售公司為了鼓勵業務銷售，制訂梯度的提成獎金政策如下表。

每月汽車銷售數量（台）	每台車的銷售提成（元）
✕<10	100
10≤✕<20	200
20≤✕<30	300
30≤✕<40	400
40≤✕<50	500
50≤✕	600

> 該公司銷售人員張三，今年連續5個月的汽車銷售量和提成獎金額如下表。

月份	1月份	2月份	3月份	4月份	5月份
汽車成交量（台）	35	8	22	28	41
月提成額（元）	14000	800	6600	8400	20500

> 張三4月份比1月份的汽車銷售量僅少7台（35-28），但提成額卻少5600元（14000-8400）。

貼心提醒

按照梯度提成比率法設計銷售提成後，業績較好的業務，其提成薪資與業績較差的業務差異會非常大。但只要梯度提成比率法的測算原理正確，反而會成為有效的激勵手段，促進業務挑戰較高的目標。

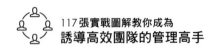
▶▶▶ 3. 沒動力開發新客戶？實施「首單業務大力度提成法」

🔒 問題場景

團隊中很多業務都不積極開拓新市場，該怎麼辦？

可以採取首單業務大力度提成法，也就是對新客戶或新產品的首單銷售業務加大提成力道。

這個方法不錯，這下大家就有動力了！

動力大小也和提成比率的高低有關，如果業務覺得提成比率不值得付出努力，可能會沒有效果，因此提成比率要有足夠的吸引力。

不過，我擔心個別業務會為了較高的提成薪資，而採取殺雞取卵的短視做法，增加應收帳款額。

為了減少應收帳款，可以根據首單回款的時間，適當調整提成比例，或是按照實際回收的帳款來計算。

問題拆解

　　對業務來說，開發新客戶比維繫老客戶需要付出更多努力，而且不確定性較大，如果努力後沒有結果，會增加挫折感。業務不願意開發新客戶，通常是因為效價和期望值不足以激發他們的動機。根據效價期望理論可以知道，要增加業務的動機，較好的方法是增加效價。

🔑 實用工具

工具介紹

首單業務大力度提成法

　　如果某團隊增加20％客戶數量，每個客戶單次消費金額增加20％，客戶重複消費次數也增加20％，那麼該團隊業績將達到原來的1.728倍（1.2×1.2×1.2）。也就是說，只要每項指標都稍微增加一點，團隊業績就能翻倍增長。

　　首單業務大力度提成法，是指當業務發展新客戶或賣出新產品時，對首單銷售業務加大提成力道。這種提成方法能夠鼓勵業務拓展新客戶，也可以鼓勵他推廣新產品。

　　這種提成方式適用於客戶群體穩定，主要依靠當前客戶重複消費的公司。為了增加業績、避免經營風險，開發新客戶時也可以使用這種方法。不過，這種方法不適用於一次性消費的產品，例如房地產銷售。

┤ 首單業務大力度提成法示意圖表 ├

老客戶／老產品銷售提成比率	新客戶／新產品銷售提成比率
10%	20%

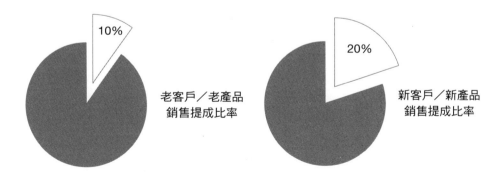

老客戶／老產品
銷售提成比率

新客戶／新產品
銷售提成比率

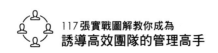

 應用解析

──────────┤ 首單業務大力度提成法的應用 ├──────────

> 某醫藥銷售公司近幾年發展迅速，壯大到一定規模後，在業務上遇到瓶頸。原因是銷售代表們普遍不願意開發新客戶，主要靠著老客戶維持業績。同時，上市的新藥很難打開市場。為此，該公司使用首單業務大力度提成法，提成週期為季度，比率如下表。

老客戶／老產品 銷售提成比率	新客戶／新產品 銷售提成比率
10%	20%

> 張三是該公司的業務代表，某年第1季度完成的銷售業績和提成情況如下表。

老客戶／老產品 銷售額（萬元）	老客戶／老產品 提成額（萬元）	新客戶／新產品 銷售額（萬元）	新客戶／新產品 提成額（萬元）	合計提成額 （萬元）
30	3	20	4	7

> 雖然張三在第1季度新客戶／新產品的銷售額，少於老客戶／老產品的銷售額，但新客戶／新產品的提成額，卻大於老客戶／老產品的提成額。這展現該公司對新客戶／新產品的重視。

貼心提醒

　　想要降低風險、防止業務為了獲得高提成而採取殺雞取卵的行為，在實際應用這種方式時，可以設定條件，例如：在新客戶首單銷售後，後續還需要產生2～3次新的銷售業務，才能兌現首單業務的大力道提成金額；首單金額達到一定數量時，進一步加大提成力度；為了減少應收帳款，可以根據首單回款的時間，適當調整提成比例等。

▶▶▶ 4. 如何讓新手有希望、老手有幹勁？ 利用「競爭提成法」

🔒 問題場景

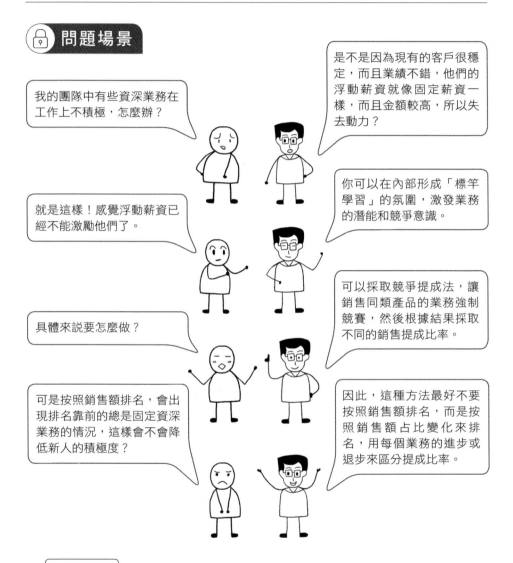

我的團隊中有些資深業務在工作上不積極，怎麼辦？

是不是因為現有的客戶很穩定，而且業績不錯，他們的浮動薪資就像固定薪資一樣，而且金額較高，所以失去動力？

就是這樣！感覺浮動薪資已經不能激勵他們了。

你可以在內部形成「標竿學習」的氛圍，激發業務的潛能和競爭意識。

具體來說要怎麼做？

可以採取競爭提成法，讓銷售同類產品的業務強制競賽，然後根據結果採取不同的銷售提成比率。

可是按照銷售額排名，會出現排名靠前的總是固定資深業務的情況，這樣會不會降低新人的積極度？

因此，這種方法最好不要按照銷售額排名，而是按照銷售額占比變化來排名，用每個業務的進步或退步來區分提成比率。

問題拆解

　　大多數人容易受到來自於同階層的人刺激，人們偏向希望自己成為群體中的勝利者，容易認為自己在群體中排名中上。當事實與想像不符時，人們會開始行動。這種相互競爭能促使團隊成員不斷進步。

🔑 實用工具

工具介紹

競爭提成法

　　這種方法是讓內部銷售同類產品的業務員強制競賽，根據結果採取不同的銷售提成比率，激發他們的潛能、積極度和競爭意識，鼓勵形成標竿學習的氛圍。這種方法通常適用於主動性和執行力差、安於現狀、沒有明確目標、沒有發揮潛能的銷售團隊。但是同類別的業務員少於3人的團隊，或是負責關鍵大客戶的業務員不適用此方法。

　　當公司規定業績較好的業務員按照較高的比例提成，業績較差的業務員按照較低的比例提成時，業績較差的人可能會採取行動來趕超業績好的人，業績好的人也會採取行動保持領先，於是形成標竿學習的氛圍。為了讓業績好的人行動起來，這裡的業績應採取相對業績，而不是絕對業績。

──┤ 競爭提成法示意表 ├──

> 　　競爭提成法最典型的應用方式是按照一段時間之內，成員在團隊中銷售占比（某員工銷售業績占整個團隊銷售業績的比率）的變化，提成比率相應變化。銷售占比增加，提成比率增加；銷售占比減少，提成比率減少。

銷售占比變化	銷售占比減少b%以上	銷售占比減少b%以內	銷售占比不變	銷售占比增加a%以內	銷售占比增加a%以上
提成比例	c%−d%−e%	c%−d%	c%	c%+d%	c%+d%+e%

舉例 ⬇

註：a、b、c、d、e代表不同數字，其中 $c \geq d+e$

銷售占比變化	銷售占比減少4%以上	銷售占比減少4%以內	銷售占比不變	銷售占比增加4%以內	銷售占比增加4%以上
提成比例	5%	8%	10%	12%	15%

應用解析

┤ 競爭提成法的應用案例 ├

在某銷售團隊中，有小張和小李2位成員。小張是入職半年的新員工，剛開始開拓市場，比較有衝勁；小李是工作10年的資深員工，手中客戶和市場已相對穩定，在工作態度和努力程度上有些懈怠。

為了激發成員的動力，該團隊採用銷售占比競爭提成法，以季度為時間單位進行提成。提成比率和員工在2個季度之間的銷售占比增加或減少有關，如下表所示。

銷售占比 變化	銷售占比 減少4%以上	銷售占比 減少4%以內	銷售占比 不變	銷售占比 增加4%以內	銷售占比 增加4%以上
提成比率	5%	8%	10%	12%	15%

第3季度、第4季度，小張和小李的銷售業績情況和提成額計算過程如下表。

業務員	第3季度 銷售額 （萬元）	第3季度 銷售額 占比	第4季度 銷售額 （萬元）	第4季度 銷售額 占比	第4季度 銷售比第 3季度銷 售額占比 差異	第4季度 銷售提成 比率	第4季度 提成額 （萬元）
小張	20	2%	60	5%	3%	12%	7.2
小李	300	30%	300	25%	-5%	5%	15
……	……	……	……	……	……	……	……
合計	1000	100%	1200	100%	……	……	……

採用競爭提成法，雖然第4季度小李的銷售額比小張高5倍，但他的提成額只比小張高大約2倍。這種差異表面上看似不合理，但為了提高團隊的積極度，其實是合理的。

業務員	採用競爭提成法 第4季度提成額 （萬元）	採用普通提成法 第4季度提成額 （萬元）	競爭提成法與 普通提成法相比變化 （萬元）
小張	7.2	6	1.2
小李	15	30	-15

如果採用普通提成法，小張第4季度的提成額為6萬元，比採用競爭提成法少1.2萬元。這1.2萬元，相當於團隊對小張在團隊中銷售占比提升的獎勵。在採用競爭提成法後，小李第4季度的提成額比採用普通提成法降低15萬元。這15萬元，相當於團隊對小李在團隊中銷售占比降低的懲罰。

貼心提醒

採取競爭提成法時，要注意應按照業績的比率排名，而不是金額。如果按照金額排名，往往會造成排名靠前的業務員總是經驗豐富、客戶資源穩定的資深業務。持續按照這種方式競爭，不僅會降低新手、排名靠後業務員的積極度，而且不會對名次靠前的資深業務員產生刺激效果。

3-3

想快速搶攻市場，
主管與部屬必須並肩作戰

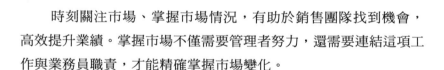

　　時刻關注市場、掌握市場情況，有助於銷售團隊找到機會，高效提升業績。掌握市場不僅需要管理者努力，還需要連結這項工作與業務員職責，才能精確掌握市場變化。

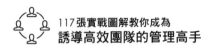
▶▶▶ 1. 把產生價值的過程畫成結構圖，找出潛力商機

🔒 問題場景

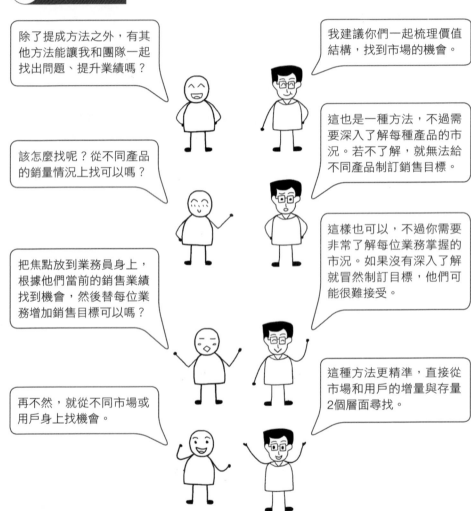

除了提成方法之外，有其他方法能讓我和團隊一起找出問題、提升業績嗎？

我建議你們一起梳理價值結構，找到市場的機會。

該怎麼找呢？從不同產品的銷量情況上找可以嗎？

這也是一種方法，不過需要深入了解每種產品的市況。若不了解，就無法給不同產品制訂銷售目標。

把焦點放到業務員身上，根據他們當前的銷售業績找到機會，然後替每位業務增加銷售目標可以嗎？

這樣也可以，不過你需要非常了解每位業務掌握的市況。如果沒有深入了解就冒然制訂目標，他們可能很難接受。

再不然，就從不同市場或用戶身上找機會。

這種方法更精準，直接從市場和用戶的增量與存量2個層面尋找。

問題拆解

　　對銷售團隊來說，找到市場機會是提升業績的最好方式。想要找到機會，需要管理者和成員把焦點放在同個價值層面，並層層梳理。

🔑 實用工具

工具介紹

價值結構圖

　　價格結構圖是指把產生價值的過程圖形化、結構化。價值結構圖在空間上是橫向和縱向分布，在單一方向上通常是線性的。

　　價值結構就像影響事情發展的價值鏈條，透過層層梳理，最終可以用簡單的加減乘除表現出來。例如：銷售額＝A產品銷售額＋B產品銷售額＋C產品銷售額；利潤額＝收入－成本－費用；毛利額＝銷售額×毛利率；成交率＝成交客戶數÷總客戶數。

─┤ 價值結構示意圖 ├─

某零售業銷售額的價值結構圖分解如下。

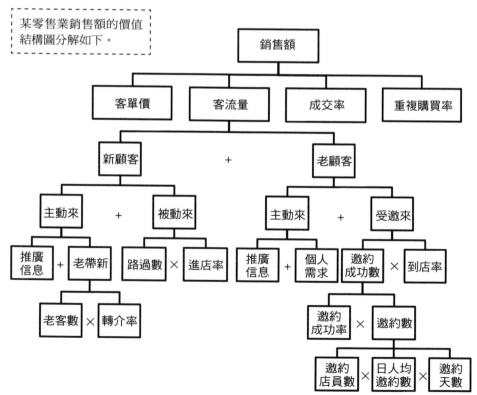

─────────────┤ 價值結構圖應用案例 ├─────────────

　　某大型機械設備生產公司的主要客戶，是一些大型生產製造企業。該公司半年的銷售業績只完成全年目標的40%。銷售副總帶領銷售團隊，梳理銷售業績來源的價值結構圖。一開始，銷售團隊畫的價值結構圖如下。

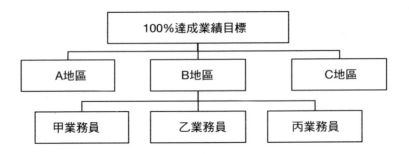

　　但是，畫完這張圖之後，副總和銷售團隊討論半天，也找不出現在的問題和機會在哪裡，於是畫了另一張圖。

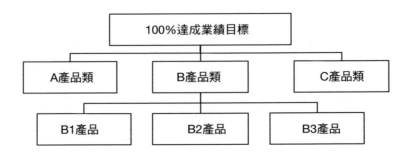

這張圖與上一張不同的是，這裡分解銷售業績目標，從地區和業務員變成不同產品的大分類和小分類。銷售團隊想按照產品銷售劃分，期望找到機會，結果還是找不到。他們又畫了第3張圖。

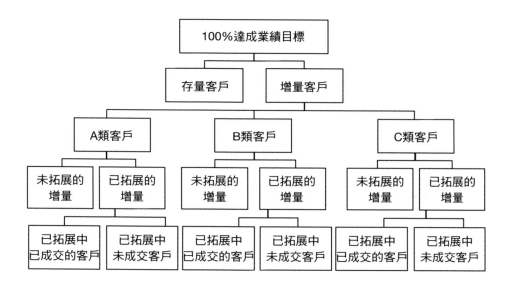

這時候，他們發現銷售機會開始變得清晰。ABC 3大類客戶當中，全部未拓展的增量與全部已拓展中未成交的客戶，都是銷售團隊的機會和下半年努力的方向。

貼心提醒

增量市場需要開拓，存量市場需要挖掘，它們都有機會，但各自的操作方式不同，機會大小也不一樣。對於存量上的客戶，可以按照同樣的方式再細分。細分之後，可以把用戶按照機會大小分成A、B、C類。這時候，整個銷售團隊的機會就變得更加清晰。

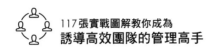
▶▶▶ 2. 考核非業績類的績效，有2種與業績連動的計算方式

🔒 問題場景

尋找機會需要業務主動了解和回饋外部市場訊息。不過，我發現他們不願意做和業績無關的工作。

有什麼具體表現呢？

我要求業務每週回饋市場訊息，而且有相應的表揚，但他們依然不重視。

聽起來是團隊管理上的問題。

我覺得業務應以業績為重，所以有時看他們在忙業績，我就睜一隻眼閉一隻眼。現在覺得這類工作也很重要，卻不知道該從何入手。

你可以增加績效考核，在評分表中加入你希望他們完成的非直接產生銷售業績、但非常重要的工作，然後對此評分。

如何連繫績效得分結果和業績提成呢？

有2種方法，一種是**百分折算法**，是指把百分制的績效得分結果折算成百分比。另一種是**區間折算法**，是指提前給得分結果設置不同的折算百分比。

問題拆解

　　很多銷售團隊在非直接產生銷售業績的工作方面做得很差，例如：蒐集市場訊息、銷售合約管理、部門內部學習等。雖然這類工作不會直接產生銷售業績，但做不好會影響團隊管理。銷售團隊管理者應重視這項工作，並將其納入業務員的考核中。

實用工具

工具介紹

非業績類工作績效考核

　　非業績類工作績效考核，是指針對非業績類工作的要求和管理方式。對於非業績類的工作，可以事先約定標準和評分規則，並制訂績效考核評分表。在績效週期結束時，根據標準和規則評分，並將得分結果與業務的全部或部分業績應發的提成薪資做連結。

　　非業績類工作績效考核得分結果與業績連結的形式有2種，一是**百分折算法**，二是**區間折算法**。

━━━━━━┥ 非業績類工作績效考核結果的百分折算法 ┝━━━━━━

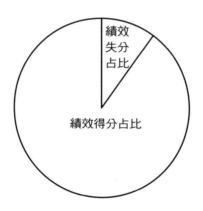

　　把百分制的績效得分結果折算成百分比，用應發的銷售提成薪資乘上這個百分比數字，得到實際發放的提成薪資。

　　如果績效考核結果與全部應發提成薪資額連繫，例如：月度績效得分為90分，實際發放提成薪資＝月度應發的提成薪資×90%。

　　如果把提成薪資中的一部分作為績效薪資折算額，例如：提成薪資的50%作為績效薪資折算，月度績效得分為80分，實際發放提成薪資＝月度應發的提成薪資×50%＋月度應發的提成薪資×50%×80%。

─────┤ 非業績類工作績效考核結果區間折算法 ├─────

績效得分區間和提成薪資折算百分比之間的關係如下表。

月度績效得分	提成薪資折算百分比
80分以上	100%
60～80分	80%
60分以下	50%

如果績效考核結果與全部應發提成薪資額連繫，當月度績效得分為70分時，實際發放提成薪資＝月度應發的提成薪資額×80%。

如果把提成薪資中的一部分作為績效薪資折算額，例如：提成薪資的60%作為績效薪資折算，當月度績效得分為70分時，實際發放提成薪資＝月度應發的提成薪資×60%+月度應發的提成薪資×40%×80%。

 應用解析

────┤ 非業績類工作績效考核的應用案例 ├────

　　某產品銷售公司對業務員除了要求業績之外，對日常行為也有一定的要求。該公司將業務職位非業績的關鍵行為專案，概括為合約規範、市場訊息蒐集、團隊協作、專業學習4項內容，績效評價標準如下表。

考核項目	定義	5分	3分	1分	0分	權重
合約規範	保證所有業務簽署的合約遵守公司的規範。	□完全能夠按期提交，且銷售合約完全符合公司規定	□存在逾期提交的情況，但能積極配合，且合約符合公司規定	□存在逾期提交的情況，且合約不符合公司規定，但願意配合改正	□存在逾期提交的情況，且合約不符合公司規定，且不願意改正	25%
蒐集市場訊息	了解同業具體情況，能及時準確地蒐集和回饋市場訊息。	□熟悉外部市場情況，經常為公司蒐集有價值的資訊	□基本了解市場訊息，偶爾為公司提供有價值的資訊	□了解市場情況，基本上沒有為公司提供有價值的資訊	□不了解市場訊息，沒有蒐集市場訊息的概念和意識	30%
團隊協作	在團隊內能協作，遵守管理者的指令，並具備執行力。	□團隊協作意識強，始終能做到得令則行，執行力強	□團隊協作意識普通，執行力有時較強，有時普通	□團隊協作和執行力經常普通，偶爾較差	□缺乏團隊協作意識，執行力經常較差	25%
專業學習	具備銷售相關的專業知識，具備一定的學習力。	□專業知識和專業能力較強，學習力較強，學習意識較強	□專業知識和專業能力普通，學習力普通，學習意識較強	□專業知識和專業能力普通，學習力普通，學習意識較差	□專業知識和專業能力較差，學習力和學習意識較差	20%

貼心提醒

　　非業績類工作很多都不是結果型工作，要對銷售團隊實施這類工作的考核，需要觀察成員日常的工作行為，以及處理關鍵事件的方法。要注意他們處在何種水準和某行為出現的頻率，綜合評價其得分。

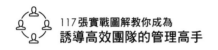

▶▶▶ 3. 依據「強制排序法」和「強制分布法」, 區分成員能力等級

🔒 問題場景

我想區分業務員,對不優秀的成員進行輪調和培訓,對優秀的成員進行重點培養。但我沒有操作過,不知道該怎麼做?

你可以嘗試**強制排序法**,先建立一個排行榜,把部屬按照排行榜的規則,從高到低排名。

原來如此,如果有些部屬能力相差不大,排不出先後怎麼辦?

強制排序法有強制的意思,無論如何都要排出順序。如果不想排,也可以用另一種方法——**強制分布法**。

什麼是強制分布法?

強制分布法是先設置幾個分類,然後把成員按照不同規則放到不同類別中。

問題拆解

　　管理者在培養成員的過程中,免不了評價成員,並且根據不同成員的評價結果採取不同應對策略。除了藉由某種績效規則直接評分之外,管理者還可以透過排序和分類2種方式,判斷他們是否優秀。

📋 工具介紹

強制排序法（強制排列法）

　　這是生活中常見、易執行的輔助性綜合績效評價方法。這種方法通常是由管理者或專門的評價小組，按照部屬工作表現的優劣，從第一名到最後一名的強制排序。

　　強制排序法被廣泛應用在結構穩定、人員規模較小的組織中。當團隊希望節約管理時間或成本，又希望透過績效評價來判斷成員優劣時，強制排序法是一種好選擇。強制排序法分成2種，一種是**客觀強制排序法**，另一種是**主觀強制排序法**。客觀強制排序法在排序過程中使用量化的財務、生產統計等客觀資料。主觀強制排序法則是根據管理者、同階級或評價小組的評價等進行主觀判斷。

┤ 實施強制排序法的 3 步驟 ├

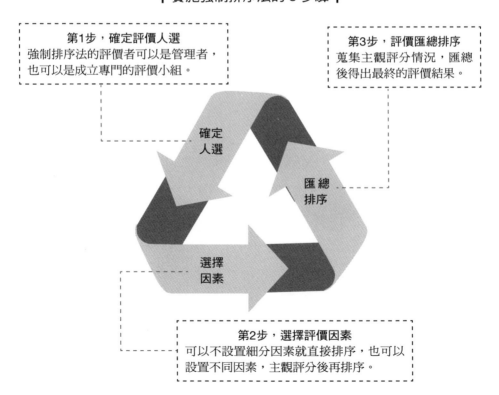

第1步，確定評價人選
強制排序法的評價者可以是管理者，也可以是成立專門的評價小組。

第3步，評價匯總排序
蒐集主觀評分情況，匯總後得出最終的評價結果。

確定
人選

匯總
排序

選擇
因素

第2步，選擇評價因素
可以不設置細分因素就直接排序，也可以設置不同因素，主觀評分後再排序。

強制分布法

　　強制分布法又稱強迫分配法或硬性分布法。它和強制排序的方式不同，這種方法是分類被評價者。首先，設置幾個分類，然後將被評價者按照不同的績效、行為、態度、能力等標準進行歸類。

　　美國通用電氣公司（General Electric）前CEO傑克•威爾許（Jack Welch）按照績效和能力，將所有員工分成ABC 3類，A類占比20%、B類占比70%、C類占比10%。對於A類員工，威爾許採取的策略是不斷獎勵，包括職位晉升、提高薪資、股權激勵等。A類員工得到的獎勵有時是B類員工的2～3倍。對於B類員工，他會視情況提升薪資。對於C類員工，他不但不會獎勵，還會淘汰。

　　強制分布法是根據員工優劣，呈現出「兩頭小、中間大」的常態分布規律，劃分員工等級，以及每個等級中的員工數量占比，再按照員工績效和能力，強制依照比例將員工列入其中某個等級。

實施強制分布法的 4 步驟

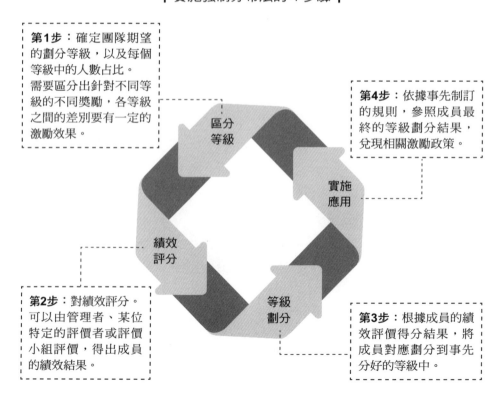

第1步：確定團隊期望的劃分等級，以及每個等級中的人數占比。
需要區分出針對不同等級的不同獎勵，各等級之間的差別要有一定的激勵效果。

第4步：依據事先制訂的規則，參照成員最終的等級劃分結果，兌現相關激勵政策。

第2步：對績效評分。可以由管理者、某位特定的評價者或評價小組評價，得出成員的績效結果。

第3步：根據成員的績效評價得分結果，將成員對應劃分到事先分好的等級中。

區分等級

實施應用

績效評分

等級劃分

 **應用解析**

──────┤ 銷售團隊中常見的客觀強制排序 4 大領域 ├──────

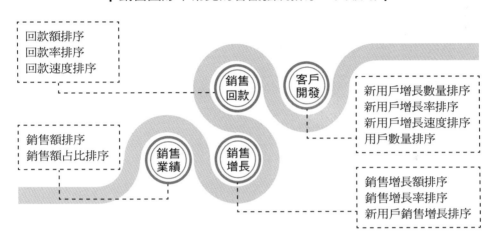

回款額排序
回款率排序
回款速度排序

銷售額排序
銷售額占比排序

銷售回款

客戶開發

銷售業績

銷售增長

新用戶增長數量排序
新用戶增長率排序
新用戶增長速度排序
用戶數量排序

銷售增長額排序
銷售增長率排序
新用戶銷售增長排序

──────┤ 強制排序法的應用案例 ├──────

　　某公司銷售部門有小張、小李、阿王、阿趙和阿徐5位銷售專員，該部門對他們的考核評價，分成業績考核與日常行為強制排序這2種。部屬在一個考核期內最終的績效評價，由這2種按照公式計算出結果。

　　業績考核根據財務部門提供的資料計算得出，而行為強制排序則由管理5位銷售專員的銷售經理，依據5人日常行為表現進行排序。銷售經理針對工作態度、團隊意識、執行力和業務能力評分，然後計算這4項排序值的平均值。加總後的平均值越小，代表排名越靠前；平均值越大，代表排名越靠後。得出結果如下表。

被評價人	工作態度	團隊意識	執行力	業務能力	加總平均	最終排序
小張	4	3	1	5	3.25	3
小李	1	2	2	1	1.5	1
阿王	2	1	4	2	2.25	2
阿趙	3	5	3	3	3.5	4
阿徐	5	4	5	4	4.5	5

┤ 強制分布法的應用案例 ├

某公司使用強制分布法評判公司所有員工的年度績效結果。管理層決定把所有員工分成A、B、C、D、E等級，每個等級對應的人數與第2年薪酬提升比例如下表。

績效類別	A	B	C	D	E
人數占比	10%	20%	30%	30%	10%
第2年薪酬提升	20%	15%	10%	5%	0

某部門共有10名員工，部門負責人為了展現公正，成立評價小組，按照工作態度、能力和績效3個層面，評價部門所有員工，評分表如下表。

部門	姓名	工作態度 權重30%	工作能力 權重30%	工作績效 權重40%	得分

加總平均各評價小組成員的評分結果後，得到部門所有員工的績效分數，然後參照等級劃分比例，得出不同員工所屬的績效等級如下表。

姓名	績效分數	所屬績效等級
小張	82	C
舒淇	87	B
阿王	83	C
阿徐	89	A
阿趙	75	D
阿強	72	E
小燕	81	C
小梅	78	D
樂樂	76	D
曉明	86	B

貼心提醒

　　強制排序法的優點是操作簡單、容易執行，可以避免管理時的趨中傾向，還能強制分辨出優劣等級，但缺點是只適合評價相同職位類別或職務的人員，不適合跨部門或跨職級人員。當部屬的績效情況相近時，很難排序。主觀排序時，無法有效判斷相鄰名次之間的差距。

　　強制分布法的優點是操作簡單、等級清晰、獎懲分明、激勵性強，而且執行嚴格、強制區分。不過，這種方法也有缺點：一是只能把成員分成有限的類別，不能比較同一類別中成員之間的具體差異；二是成員的業績和能力不一定符合預想的常態分布規律，例如：有的團隊80%成員的績效和能力都很優秀，採用這種方法可能遭到員工排斥。

第 **4** 章

率領「研發團隊」，
從專案管理與開發創意著手

研發團隊真難管理，上面有公司帶來的壓力，下面的部屬不給力，我夾在中間真難受！

別灰心，研發團隊中技術型人才較多，他們想法較多，思維活躍，溝通能力可能相對較弱。

那麼我該怎麼辦呢？

針對研發團隊成員的特點，有許多有用的工具和方法，能幫助你帶好他們。

有哪些工具和方法呢？

讓我們從專案管理、發展創意和技術升級3方面，一起探討如何管理！

4-1

做好專案管理，
是研發團隊成長的關鍵

◈

　　專案管理需要管理者在有限的資源下，運用系統化觀點、方法和理論，有效管理專案涉及的所有工作。做好專案管理的計畫、組織、指揮、協調、控制和評價等工作後，就能有效達成專案目標。

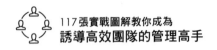
▶▶▶ 1. 發生狀況該由誰負責？你得列出 「責、權、利分配矩陣」

🔒 問題場景

我大多採取專案制，但大家都不願負責任，於是我制訂負責人制度。若專案出問題，我會找專案負責人課責。

這個負責人制度運行的效果如何？

很不好，負責人被我課責時一肚子委屈，時間一長，沒人願意擔任。

看起來是因為專案負責人責任雖然大，但權力小。專案成員責任小，而且負責人很難管理他們。

因為你的設置方式沒有做到位，只注重結果，不關心過程，而且只在乎個體，不關心全域，甚至責、權、利三者之間不對等。

不是說任何事都要有責任人嗎？為何會出現這種情況？

我是不是應該把責任分得更細，給不同負責人設置一定的許可權和利益？

沒錯，你可以把負責人制度的範圍擴大。不僅專案負責人對專案負責，專案裡所有工作都有負責人和參與人。他們都有責任，也都有許可權分配和利益歸屬。

問題拆解

　　每個職位都有對應的責任、許可權和利益。當這3項達到平衡時，才是完美的狀態。如果某職位的許可權和利益太小、責任太大，沒人願意從事。如果某職位的許可權和利益很大，責任卻很小，雖然很多人願意從事，但對團隊來說是一種損失。

🔑 實用工具

工具介紹

責、權、利分配矩陣

　　矩陣的縱向是根據專案劃分的任務或目標，這些任務或目標最終會指向團隊、部門或公司更大的目標。根據任務和目標，可以劃分出責任、許可權、收益的分配情況。

　　矩陣的橫向是相關部門或具體職位。根據責、權、利分配矩陣中，縱向和橫向之間的對應關係，可以劃分出員工的責、權、利。責、權、利分配矩陣示意表請見下頁。

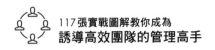
━━━━━━━━━┥ 責、權、利分配矩陣示意表 ┝━━━━━━━━━

專案劃分的任務在整個專案中的貢獻占比。
對專案貢獻越多的任務，在整個專案中的占比越高，分配到的責任、許可權和收益越高。

專案分配的具體任務。專案能分成幾項任務就寫幾項。列出每個任務的責任、許可權和收益劃分，它們在每個任務中相互對等。也可以把任務換成目標。

若是較宏觀的專案或任務，責、權、利的劃分要對應部門。若是較微觀的專案或任務，責、權、利的劃分要對應具體個人。

專案貢獻占比	任務	A部門／個人	B部門／個人	C部門／個人	D部門／個人	E部門／個人
	任務1 責任劃分					
	任務1 許可權劃分					
	任務1 收益劃分					
	任務2 責任劃分					
	任務2 許可權劃分					
	任務2 收益劃分					
	任務3 責任劃分					
	任務3 許可權劃分					
	任務3 收益劃分					

責任劃分按照負責、參與、協助等類別劃分，許可權劃分按照審批、知悉、報備等類別劃分，而收益劃分則根據責、權的劃分程度，一般是填入百分比。

 應用解析

──────┤ 責、權、利分配矩陣的應用 ├──────

某團隊有小張、小李、阿王、阿趙和阿徐5人，日常工作採取專案制。他們要完成某專案，將工作內容分成3個任務，分別是任務1、任務2和任務3。這3個任務對整個專案的貢獻分別是30%、50%、20%。該團隊根據責、權、利分配矩陣的原理，劃分專案中的責任、許可權和收益，如下表。

專案貢獻占比	任務	小張	小李	阿王	阿趙	阿徐
30%	任務1 責任劃分	負責	參與 程度10%	協助 程度5%	協助 程度5%	協助 程度10%
	任務1 許可權劃分	審批	知悉	知悉	知悉	知悉
	任務1 收益劃分	50%	30%	5%	5%	10%
50%	任務2 責任劃分	參與 程度20%	負責	參與 程度20%	協助 程度10%	協助 程度10%
	任務2 許可權劃分	知悉	審批	知悉	知悉	知悉
	任務2 收益劃分	20%	40%	20%	10%	10%
20%	任務3 責權劃分	協助 程度5%	協助 程度5%	負責	協助 程度10%	參與 程度20%
	任務3 許可權劃分	知悉	知悉	審批	知悉	知悉
	任務3 收益劃分	5%	5%	60%	10%	20%

常見的追責方式有2種：第1種是團體追責，第2種是個體追責。

第1種：假如任務1沒完成，小張要負主要責任，小李負次要責任，其他人則負連帶責任，對任務1的追責，要按照任務中不同個體的參與或協助程度。這種追責方式適合團隊協作型任務，個體在任務中的具體工作越難分清楚，越適合這種方式。

第2種：假如任務1沒完成，尋找根本原因是誰的責任就追誰的責，例如：沒完成的主因是阿趙沒有完成某工作，這時即使他是協助方，仍然要對任務1的未完成負全責。這種追責方式適合分工型任務，個體在任務中的分工越具體，越適合採取這種方式。

貼心提醒

　　不同任務在專案中的貢獻占比，以及不同成員在任務中的參與或協助占比，都可以在專案開始前由團隊共同討論，並做出決定。

　　這類討論有助於確認專案目標、工作任務、分工合作的方式，也有助於劃分專案的責、權、利。

▶▶▶ 2. 透過「甘特圖」掌握專案進度，及時發現問題立刻修正

🔒 問題場景

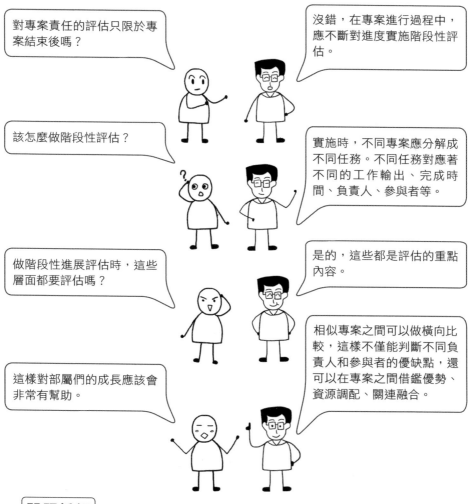

對專案責任的評估只限於專案結束後嗎？

沒錯，在專案進行過程中，應不斷對進度實施階段性評估。

該怎麼做階段性評估？

實施時，不同專案應分解成不同任務。不同任務對應著不同的工作輸出、完成時間、負責人、參與者等。

做階段性進展評估時，這些層面都要評估嗎？

是的，這些都是評估的重點內容。

相似專案之間可以做橫向比較，這樣不僅能判斷不同負責人和參與者的優缺點，還可以在專案之間借鑑優勢、資源調配、關連融合。

這樣對部屬們的成長應該會非常有幫助。

問題拆解

　　有了階段性評估，就不需要在專案結束後被動等待結果，可以在階段性評估的過程中，及時發現、調整並糾正問題。這樣能保證專案朝著團隊想要的方向發展，不至於最後才發現問題所在。

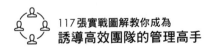
🔑 實用工具

工具介紹

甘特圖

　　甘特圖又稱條狀圖或橫道圖，是由亨利·甘特（Henry Laurence Gantt）提出，並以他的名字命名。

　　甘特圖透過條狀圖形，顯示專案進度隨著時間變化的進展情況。一般來說，縱向是根據專案目標分解成的具體任務或目標，橫向則是時間單位，而且會用條狀線段，表示任務的計畫完成時間和實際進展情況。

┤ 甘特圖示意 ├

> 專案被分解成具體任務之後，一般包括預期情況（計畫情況）和實際進展情況2部分。

> 用條狀圖表示專案預期和實際在何時開始、何時結束、持續時間長度。

> 時間單位根據專案具體情況和圖形呈現視覺設置，可以按照天、週、月等時間單位。

	第1週	第2週	第3週	第4週	第5週	第6週	第7週	第8週	第9週
任務1 預期	▓	▓	▓	▓					
任務1 實際	▓	▓	▓						
任務2 預期		▓	▓	▓	▓	▓	▓		
任務2 實際			▓	▓	▓	▓	▓	▓	
任務3 預期			▓	▓					
任務3 實際							▓	▓	▓

 **應用解析**

─┤ 甘特圖的應用場景 ├─

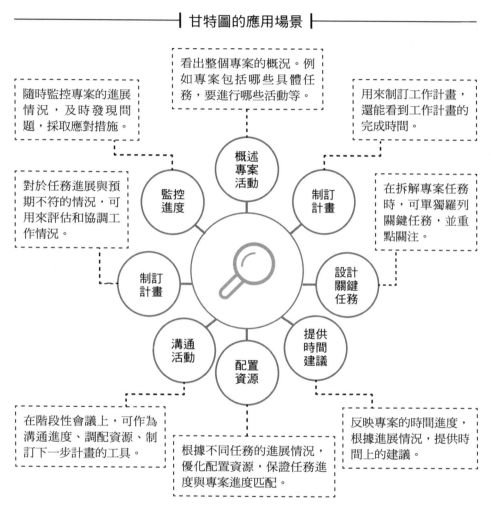

看出整個專案的概況。例如專案包括哪些具體任務，要進行哪些活動等。

隨時監控專案的進展情況，及時發現問題，採取應對措施。

用來制訂工作計畫，還能看到工作計畫的完成時間。

對於任務進展與預期不符的情況，可用來評估和協調工作情況。

在拆解專案任務時，可單獨羅列關鍵任務，並重點關注。

監控進度

概述專案活動

制訂計畫

制訂計畫

設計關鍵任務

溝通活動

配置資源

提供時間建議

在階段性會議上，可作為溝通進度、調配資源、制訂下一步計畫的工具。

根據不同任務的進展情況，優化配置資源，保證任務進度與專案進度匹配。

反映專案的時間進度，根據進展情況，提供時間上的建議。

貼心提醒

　　甘特圖的優點是採取圖形化方式，讓專案的時間進度一目了然、易於理解，但缺點是只能表達時間層面，無法展現數量、品質、成本等。甘特圖可以用來展現其他工作單位和時間的關係，例如：不同員工的時間占用情況。

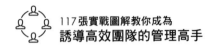
▶▶▶ 3. 魚與熊掌不可兼得！選擇1、2個層面 設定核心目標

🔒 問題場景

我發現專案完成品質很差。目前已結束十個專案，沒有一個讓我滿意。是不是團隊能力不夠強？不在乎目標？我該強化管理，採取更強硬的要求或措施嗎？

先別急著下結論，你平常都怎麼評價專案呢？

我對專案評價的標準不高，只要求「多快好省」，也就是數量多、時間快、品質好、成本低。

這確實是評價專案的方法，不過用這個方法評價時，有個基本原則，就是「難以兼得」。

那麼我該怎麼評價？

給專案設置一個核心目標，這個目標是「多快好省」中的1、2個層面。

問題拆解

　　如果對專案要求過高，想要「多快好省」，那麼專案會變成不可能的任務。如果長期以這種不現實的目標來要求團隊，成員將失去滿足感和成就感，團隊氛圍可能會變差。當人們發現自己無論怎麼努力都無法達標，很可能失去努力的動力。

🔑 實用工具

工具介紹

評價專案的4個層面

　　評價專案或是設置專案目標時，可以從「多快好省」4個層面來設置。多是指數量，快是指時間，好是指品質，省是指成本。

──┤ 評價專案的 4 個層面 ├──

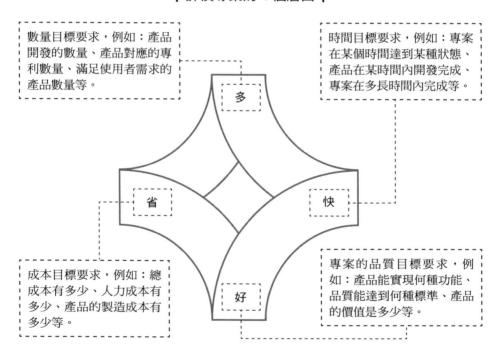

數量目標要求，例如：產品開發的數量、產品對應的專利數量、滿足使用者需求的產品數量等。

時間目標要求，例如：專案在某個時間達到某種狀態、產品在某時間內開發完成、專案在多長時間內完成等。

成本目標要求，例如：總成本有多少、人力成本有多少、產品的製造成本有多少等。

專案的品質目標要求，例如：產品能實現何種功能、品質能達到何種標準、產品的價值是多少等。

──┤ 專案完成情況評價樣表 ├──

專案	時間	數量	品質	成本
A				
B				

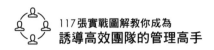
 應用解析

──┨ 評價專案 4 個層面的互斥性 ┠──

在評價專案或是設置核心目標時，要考慮各層面之間的互斥性。每個層面之間的互斥性分隔線的數量越多，代表彼此的互斥性越大。舉例來說，多和快之間有1條直線，代表互斥性小；多和好之間有2條直線，代表互斥性大。如果同時存在互斥性大的層面，通常代表目標的完成難度較大，或是評價的要求較高。

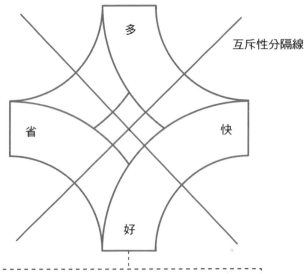

「好」在評價專案的4個層面中，是較特殊的，它與其他3個層面存在強烈的互斥性，追求好可能無法達到多，或無法快，也可能不省。

貼心提醒

設置專案目標時，不能過度追求完美。要多可能就不快；要快可能就不好；要好可能就不省。如果想要達到「多快好省」4個層面，最後大多會失望。每個專案可以從中選擇1～2個層面作為核心目標，對於其他層面則不要過分苛求。

4-2

自家產品不再有創意？
3方法讓靈感源源不絕

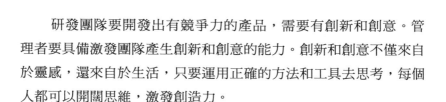

　　研發團隊要開發出有競爭力的產品，需要有創新和創意。管理者要具備激發團隊產生創新和創意的能力。創新和創意不僅來自於靈感，還來自於生活，只要運用正確的方法和工具去思考，每個人都可以開闊思維，激發創造力。

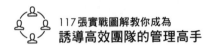

▶▶▶ 1. 團隊集思廣益時，腦力激盪的5步驟能捕捉創意

🔒 問題場景

我們團隊的產品和市場同類產品相比缺乏創意和創新，有什麼方法能激發更多創意？

可以試試腦力激盪法。

我知道這個方法，之前我們用過幾次，可是好像沒什麼效果。

你們是怎麼使用的？

聚在一起開會討論問題，可是到最後變成創意太多，很難聚焦。有時候你一句、我一句，說著說著就偏離主題。

這樣也許不是腦力激盪法不好，而是使用方式有問題。

問題拆解

　　群體智慧總是大於個體智慧，運用腦力激盪法能夠激發群體智慧。但是這要多人參與討論，如果控管不當，激發的過程中可能會產生較多的內耗，反而無法發揮效果。

實用工具

工具介紹

腦力激盪法

　　這是一個群體決策方法，所有參與者提出對於某個主題的想法，以獲得豐富多樣的想法，並且經過討論得出最佳方案。這種方法被廣泛應用在各類團隊中，可以用來討論工作、產生新想法或解決複雜問題。

────┤ 應用腦力激盪法的 5 步驟 ├────

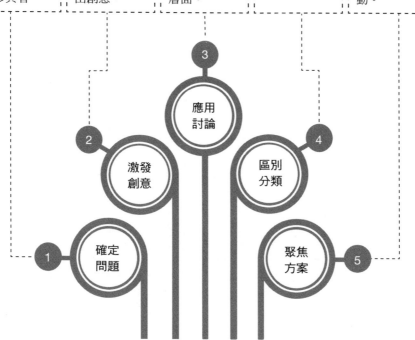

在進行腦力激盪前至少24小時，要確定待解決的具體問題，並提前告知參與者。

引導參與者激發想法，讓思維充分發散和延展，所有參與者平等地提出創意。

對創意做應用討論，一般聚焦在創意的相關性、可行性和可操作性等層面。

分類創意，在所有具備應用性的方案中，選擇操作的優先順序。

對分類後的創意及優先順序高的創意形成具體的執行方案，並採取行動。

3 應用討論

2 激發創意

4 區別分類

1 確定問題

5 聚焦方案

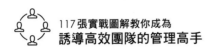

應用解析

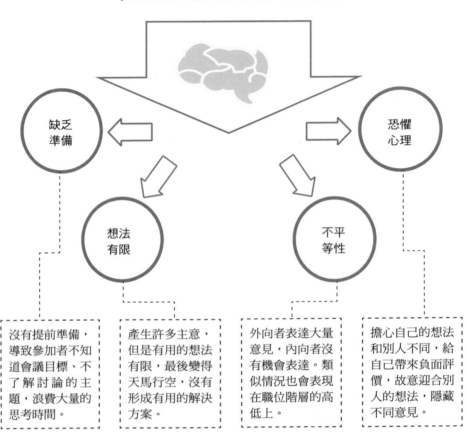

── 實施腦力激盪法常見的 4 大問題 ──

缺乏
準備

恐懼
心理

想法
有限

不平
等性

沒有提前準備，導致參加者不知道會議目標、不了解討論的主題，浪費大量的思考時間。

產生許多主意，但是有用的想法有限，最後變得天馬行空，沒有形成有用的解決方案。

外向者表達大量意見，內向者沒有機會表達。類似情況也會表現在職位階層的高低上。

擔心自己的想法和別人不同，給自己帶來負面評價，故意迎合別人的想法，隱藏不同意見。

貼心提醒

　　許多團隊實施腦力激盪法的效果不如預期，無法幫助團隊解決問題。這不是因為這種方法沒有用處，而是沒有正確運用，其具體表現為應用前沒有做好準備，應用時沒有做好控管，應用後沒有做好總結。

▶▶▶ 2. 想法太多很混亂時，用6頂思考帽擴展與聚焦思維

🔒 問題場景

在實施腦力激盪時，總覺得團隊裡的想法有點亂，什麼方法能幫助我們平穩有序，又不失活力？

不妨試試6頂思考帽。這是一種思維方法，用6種顏色的帽子，代表6種不同的思維模式。

它有什麼作用？

這種方法可以激發思維，又不會造成混亂，有助於發散和聚焦思維。

這個方法看起來很全面，具體該怎麼使用？

使用這種方法的關鍵，在於排列不同顏色的順序，不同的排列順序能夠得出不同的思維結果。

問題拆解

　　很多團隊在創意的產生、發散、擴展、聚焦、整合等環節做得不好，原因之一是沒有使用正確的方法思考。其實，思考要根據情況需要，運用適合的方法。

🔑 實用工具

工具介紹

6頂思考帽

　　這是一種思維方法，是指用6種不同顏色的帽子，分別代表不同的思維模式。它可以在一個人思考問題時應用，也可以在多人參與的會議中使用，能夠激發思維，有助於發散和聚焦。

┤ 6頂思考帽示意圖 ├

中立之帽（白色）
代表客觀和中立
更關注事實、資料等客觀事物

想像之帽（綠色）
代表想像和創造
更關注創意、想法等發散思維

肯定之帽（黃色）
代表價值和肯定
更關注樂觀、積極、建設性的部分

否定之帽（黑色）
代表懷疑和否定
更關注悲觀、消極、不可行的部分

直覺之帽（紅色）
代表預感和直覺
更關注情感、感受層面的想法

管理之帽（藍色）
代表規劃和管理
更關注思維的排序、控制、調節

💡 **應用解析**

┤ 在腦力激盪中應用 6 頂思考帽 ├

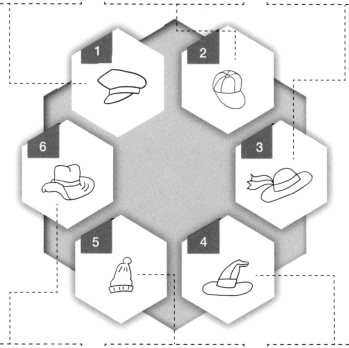

| 使用白色思考帽
客觀精準的陳述問題 | 使用綠色思考帽
所有參與者暢所欲言
提出解決方案 | 使用黃色思考帽
尋找解決方案的優點 |

| 使用藍色思考帽
歸納總結，做出決策 | 使用紅色思考帽
對解決方案加入直覺
和情感判斷 | 使用黑色思考帽
尋找解決方案的缺點 |

貼心提醒

　　6頂思考帽針對不同場景和問題，有不同的使用順序，非常靈活。想要有效應用這種方法，管理者要掌握其背後的思維邏輯。

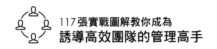
▶▶▶ 3. 部屬總是沒意見？藉由「假設引導法」刺激他思考

🔒 問題場景

有的部屬想法比較少，什麼方法可以誘導他們思考呢？

可以運用假設引導法，拋出一些假設問題，引導他思考，例如：「假設這個產品已完成，而且獲得市場認可，你認為它會是什麼樣子？」

聽到這個問題，我都忍不住開始思考了。

如果部屬說「這不可能」，你可以用「如果可能」或「假設可以」等說法，繼續引導。

如果我提出假設引導問題後，部屬還是不願意思考怎麼辦？

有可能是假設問題和部屬的認知太遠，他難以接受，這時候可以嘗試轉換幾種問法。

問題拆解

　　有的人天生思維較活躍，有非常多的想法，而有的人則不然。這時候，需要管理者透過一些方法，啟發他們不斷思考與聯想。

實用工具

工具介紹

假設引導法

假設引導法是運用假設性問題，讓人們突破思維限制，引發並促進思考。這種方法不僅適合在不善於思考的人使用，也可以應用在日常工作中，誘導團隊成員不斷思考。

┤ 假設引導法的常見話術 ├

假設你有預見未來的能力，這時你看到這個產品，它會是什麼樣子呢？

如果現在有位設計大師正在設計產品，你覺得他會怎麼設計？

假設這個產品已經完成，而且獲得市場認可，你覺得它會是什麼樣子？

假如這個產品已獲得某個創新大獎，你覺得它應該具備什麼樣的創新？

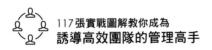

應用解析

┤ 應用假設引導法的 3 個注意事項 ├

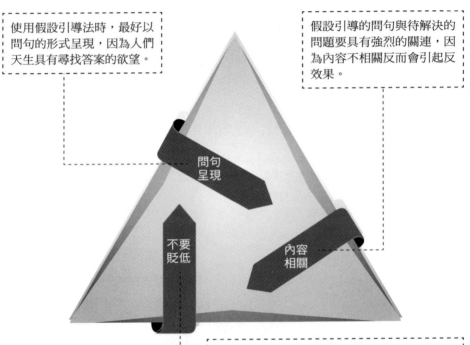

使用假設引導法時，最好以問句的形式呈現，因為人們天生具有尋找答案的欲望。

假設引導的問句與待解決的問題要具有強烈的關連，因為內容不相關反而會引起反效果。

問句呈現

不要貶低

內容相關

假設引導本身不要帶有貶低、埋怨或責怪。例如：「假設你是高手……」，這隱含管理者認為部屬現在的水平較低。部屬很可能抵觸這類問題，而不願回答。

貼心提醒

　　不管在何時做什麼事，管理者都可以多問一些假設引導的問題，引發部屬思考，進而得到更多想法和創意。例如：如果A是什麼，會怎麼樣？如果B那樣設計，會怎麼樣？透過假設、記錄、篩選、論證，得出下一步行動方案。

4-3

先思考為什麼要技術升級，
再規畫如何升級

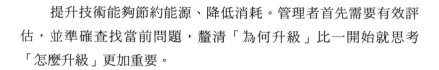

　　提升技術能夠節約能源、降低消耗。管理者首先需要有效評估，並準確查找當前問題，釐清「為何升級」比一開始就思考「怎麼升級」更加重要。

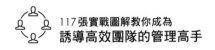
▶▶▶ 1. 繪製「魚骨圖」分析技術問題，發掘其中潛在原因

🔒 問題場景

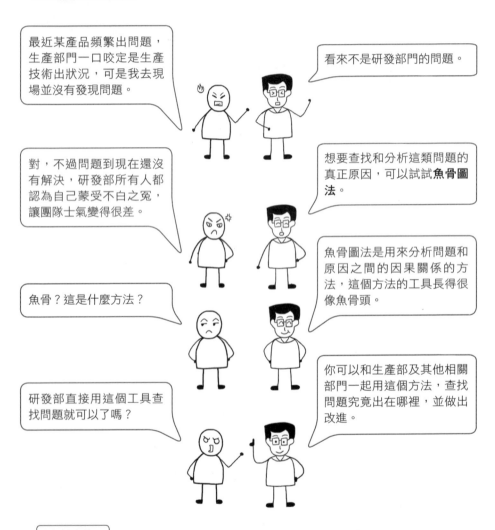

最近某產品頻繁出問題，生產部門一口咬定是生產技術出狀況，可是我去現場並沒有發現問題。

看來不是研發部門的問題。

對，不過問題到現在還沒有解決，研發部所有人都認為自己蒙受不白之冤，讓團隊士氣變得很差。

想要查找和分析這類問題的真正原因，可以試試**魚骨圖法**。

魚骨？這是什麼方法？

魚骨圖法是用來分析問題和原因之間的因果關係的方法，這個方法的工具長得很像魚骨頭。

研發部直接用這個工具查找問題就可以了嗎？

你可以和生產部及其他相關部門一起用這個方法，查找問題究竟出在哪裡，並做出改進。

問題拆解

　　想要釐清問題根源，最好多方參與、共同查找，因為問題往往是由多項原因導致。管理者需要運用思維工具，確保查找時不會遺漏。

🔑 實用工具

工具介紹

魚骨圖法

　　這項方法可以分析問題與原因之間的因果關係。用魚骨圖法分析問題，有助於揭示問題產生的潛在原因，找到問題存在的根本原因。與團隊一起用魚骨圖法，能促進內部對於問題產生的原因和應對方法達成共識。

┤ 魚骨圖法應用示意圖 ├

生產製造類的相關問題，通常可以分成人員、機械設備、材料、方法、環境、測量這6個相關因素。

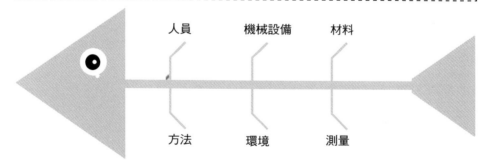

針對管理服務類的相關問題，通常可以分成人員、程序、政策、地點這4個相關因素。

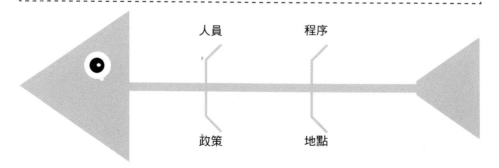

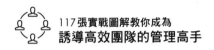

應用解析

──────────┤ 魚骨圖法應用案例 ├──────────

第1步 明確問題	第2步 影響因素	第3步 查找原因	第4步 檢查整理	第5步 判斷原因
簡明扼要地把待解決的績效問題填入魚骨圖的魚頭中。	根據魚骨圖需要解決的問題，列出影響該問題的相關因素類別。	利用腦力激盪法，分類所有可能產生該問題的原因，並填入各個分支中，也可以視需求繼續分支，進一步分析深層原因。	進一步檢查、整理得出的魚骨圖，並補充較含糊的內容。對於重複的內容，則要合併。	進行小組討論，充分比較、談討原因。對於容易引起問題的幾個原因進行資料蒐集和整理，作為下一步分析和改進的重點內容。

公司近期連續接到多起某產品品質原因引起的顧客投訴。經過調查發現，核心問題是該類產品的品質不穩定。針對如何解決問題，該公司用魚骨圖法，梳理品質不穩定的問題。

人員　　機械設備　　材料

員工離職率高	設備精確度低	性能不穩定
夜班疲勞	設備老化	缺乏進廠檢驗
缺乏激勵	設備調試問題	庫存時間長

某產品
品質不穩定

操作流程問題	氣候潮濕	量具不精確
操作方法易變	溫度變化大	量具沒校驗
操作方法複雜	操作場地有粉塵	檢驗不及時

方法　　　　環境　　　　測量

貼心提醒

　　使用魚骨圖查找問題的過程中，最好有多人參與。在繪製魚骨圖時，可以採用腦力激盪法，蒐集所有參與者的意見和想法，再藉由魚骨圖展示出來。經過小組討論，得出所有可能原因中，可能性最大的影響因素，並針對它採取行動。舉例來說，上個案例中經過討論，造成該產品品質不穩定的最可能原因如下：

　　1. 操作方法不固定且複雜。

　　2. 操作場地有粉塵，而且潮濕、溫度變化大。

　　3. 原物料不穩定，缺乏進廠檢驗。

　　針對以上這3點原因，團隊可以透過小組討論，制訂相應的解決方案，並採取行動。

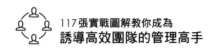
▶▶▶ 2. 如何推動技術進步？實行PDCA循環或 ECRSI分析法

🔒 問題場景

我想要改進技術，有什麼工具或方法可以在團隊中應用？

可以嘗試ECRSI分析法。

它是查找技術問題的一套步驟和思路。另外，想要持續發現和改進技術問題，還有一個重要方法──PDCA循環。

ECRSI分析法是什麼？

當你發現某個技術有問題時，可以和團隊一起使用PDCA循環，實施改進。

這個方法我知道，但是不常使用。

問題拆解

　　改進技術不僅要在問題出現後進行，更應該形成不斷發現問題、進行分析、提升改進、持續評估的循環過程。這種管理循環可以不斷提升技術水準。

🔑 實用工具

工具介紹

PDCA循環（PDCA Cycle）

　　PDCA循環是循環式品質管理的思想基礎，分別是Plan（計畫）、Do（執行）、Check（檢查）、Act（處理），由美國學者愛德華茲・戴明（William Edwards Deming）提出，因此也稱作戴明循環。

　　這種方法可以循環重複，就像一個旋轉的車輪，可以運用在各個領域，堅持使用能幫助團隊持續進步。

　　管理者刻意在團隊內部不斷地應用這種方法，有助於部屬培養管理思維，在潛移默化中擁有管理意識。

─────┤ PDCA 循環在改進技術中的應用 ├─────

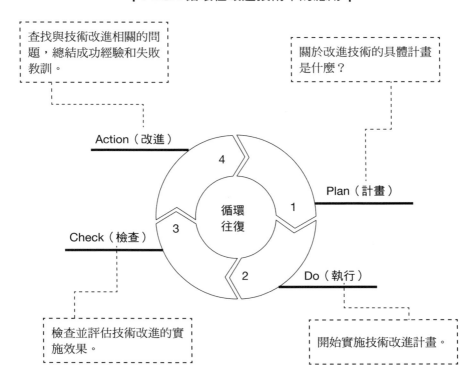

查找與技術改進相關的問題，總結成功經驗和失敗教訓。

關於改進技術的具體計畫是什麼？

Action（改進）

Plan（計畫）

循環往復

Check（檢查）

Do（執行）

檢查並評估技術改進的實施效果。

開始實施技術改進計畫。

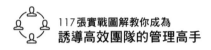
 應用解析

┤ 改進技術的 ECRSI 分析法 ├

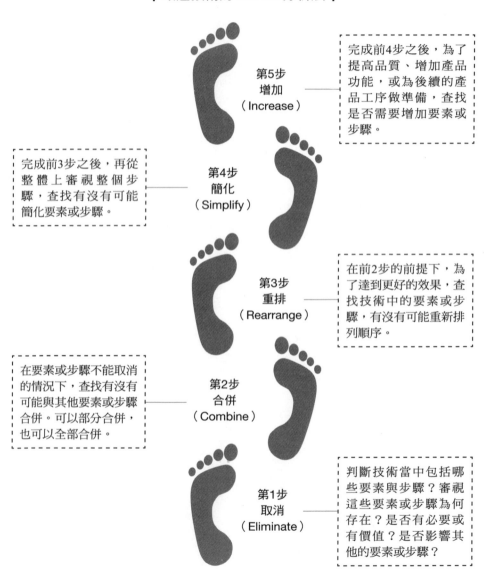

完成前4步之後，為了提高品質、增加產品功能，或為後續的產品工序做準備，查找是否需要增加要素或步驟。

第5步
增加
（Increase）

完成前3步之後，再從整體上審視整個步驟，查找有沒有可能簡化要素或步驟。

第4步
簡化
（Simplify）

第3步
重排
（Rearrange）

在前2步的前提下，為了達到更好的效果，查找技術中的要素或步驟，有沒有可能重新排列順序。

在要素或步驟不能取消的情況下，查找有沒有可能與其他要素或步驟合併。可以部分合併，也可以全部合併。

第2步
合併
（Combine）

第1步
取消
（Eliminate）

判斷技術當中包括哪些要素與步驟？審視這些要素或步驟為何存在？是否有必要或有價值？是否影響其他的要素或步驟？

貼心提醒

　　ECRSI分析法能夠優化技術，減少錯誤、低效或多餘的程序，實現效率最大化。即使當前技術暫時沒有暴露出問題，在產品設計階段運用技術一段時間後，研發團隊可以主動運用這個方法，不斷優化與精進技術。

▶▶▶ 3. 開啟新的技術專案時，活用5W1H掌握整體局面

🔒 問題場景

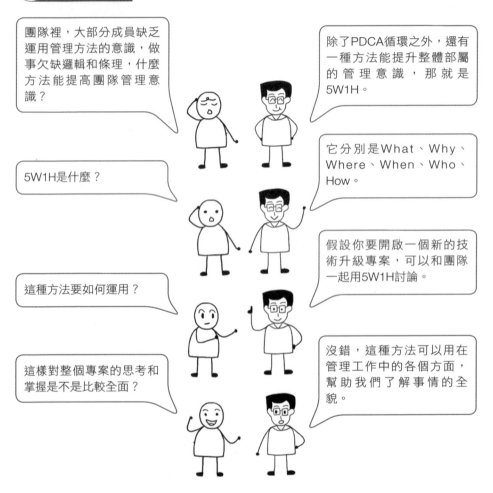

團隊裡，大部分成員缺乏運用管理方法的意識，做事欠缺邏輯和條理，什麼方法能提高團隊管理意識？

除了PDCA循環之外，還有一種方法能提升整體部屬的管理意識，那就是5W1H。

5W1H是什麼？

它分別是What、Why、Where、When、Who、How。

這種方法要如何運用？

假設你要開啟一個新的技術升級專案，可以和團隊一起用5W1H討論。

這樣對整個專案的思考和掌握是不是比較全面？

沒錯，這種方法可以用在管理工作中的各個方面，幫助我們了解事情的全貌。

問題拆解

　　管理工具可以幫助團隊解決各類管理問題，但是很多人不習慣加以應用，也不具備管理的基本思維。學習的最好方式是應用，要改變這種情況，需要管理者和成員一起運用方法，來分析並解決問題。

🔑 實用工具

工具介紹

5W1H

　　5W1H分別是指What（什麼事／什麼對象）、Why（為何／什麼原因）、Where（什麼場所／什麼地點）、When（什麼時間／什麼程序）、Who（什麼人員／負責人是誰）、How（什麼方式／如何做）。

　　在所有方法或工具當中，都能找到這6個層面的影子，做任何事都可以從這6個層面思考問題。

───┤ 5W1H 在技術改進專案中的應用 ├───

這是什麼專案？

What

這個專案該怎麼做？

How

準備從哪裡開始這個專案？或者在哪裡實施這個專案？

Where

什麼時間開始這個專案？這個專案會持續多久？

When

為何要實施這個專案？實施這個專案有何目的？

Why

由誰負責這個專案？這個專案的參與者有誰？

Who

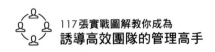
應用解析

——┤ 5W1H 應用案例 ├——

　　某公司的研發部門將展開某產品的研發專案，他們按照5W1H對該產品進行全面分析，得到的內容如下表。

5W1H	現狀	原因	改善	確認
What 產品	要研發什麼產品	為何要研發該產品	能否研發其他產品	確認研發什麼產品
Why 目的	研發該產品有何目的	為何是這樣的目的	是否還有其他目的	確認目的是什麼
Where 場所	從哪裡開始入手	在哪裡實施操作	為何從那裡入手	確認從哪裡開始入手
When 時間	什麼時候開始做	為何在那個時間開始做	能否在別的時間做	確認在什麼時間做
Who 作業人員	由誰來做	為何由那個人做	能否由其他人來做	確認由誰來做
How 方法	具體怎麼做	為何那麼做	有沒有其他方法	確認用什麼方法做

貼心提醒

　　5W1H是一種分析與思考的方法，更是一種創造的方法。它告訴我們不論針對什麼事，都可以從6個層面提出問題加以思考。

　　管理者透過持續練習，不斷應用這種方法，能讓思考方式更加科學、有結構，進而高效解決問題。

第 **5** 章

管理「生產團隊」，
必須控制風險、品質及成本

生產工作真的不好做……

怎麼說呢？

事情雜、風險大，最主要是人不好管！

生產團隊有它的特點，我有一些實用的方法和工具，可以幫你帶好生產團隊。

太好了！我正想請教你呢。

讓我們從控制風險、品質意識和降低成本3方面，探討如何管理生產團隊吧。

5-1
風險管理能提高工作效率，
該怎麼做？

◈

　　無時無刻不存在風險，生產團隊會接觸大量工具和設備，生產環境中存在許多安全隱患。俗話說：「千里之堤，潰於蟻穴。」安全面前無小事，因此控制風險是管理者不能疏忽的重要工作。

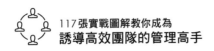
▶▶▶ 1. 根據3層面量化風險,再按照等級擬定管理方案

🔒 問題場景

很多生產第一線員工為了趕進度,不重視風險。我總覺得自己平時強調安全問題沒什麼效果。

如果只有宣導,沒有預防和排查工作,很難有效降低生產的安全隱患。

所以我必須主動查找生產過程中的隱患,並採取措施,減少風險嗎?

是的,主動查找和降低風險,能夠發揮讓團隊成員識別與控制風險的效果。

我經常在工廠走走,發現問題太多,不知道該從何處下手。

識別風險來源後,可以做出風險等級評價,再根據此排序改進順序,並制訂控制方法或改進方案。

怎麼做風險等級評價?它有可能量化嗎?

在設定規則之後,風險是可以量化的。

問題拆解

　　生產首重安全,即使犧牲進度,也不能存在安全隱患。但將生產安全落實到團隊中並不容易,日常的宣導、強調和教育非常重要,這些工作不能保證不會發生安全事故,但可以讓成員提高安全意識。此外,管理者持續檢查、評估、減少風險來源也很重要。

🔑 實用工具

工具介紹

量化風險的方法

　　風險在一定的規則之下可以被量化。在識別風險來源之後，可以按照可能性、頻率和後果，將風險劃分成3個層面，並分別量化評分。綜合分析、計算這3個層面後，得出風險等級。

　　經過工作檢查，管理者可以在生產現場發現較多風險來源。要完全減少這些風險來源，需要時間和方案。這需要管理者在識別風險來源之後，做出等級評價，然後根據等級制訂控制方法或改進方案。

┤ 量化風險的 3 個層面 ├

風險來源轉化為發生事故的機率。機率越大，產生實際風險的可能性越高。

可能性

在一定時間內，風險來源出現的次數。有時候，雖然風險來源轉化為事故的機率較低，但當頻率夠高時，風險可能依然較高。

頻率

後果

指發生風險產生的後果。後果本身不代表風險大小，有的風險發生的可能性極小，但是一旦發生，後果嚴重，例如火災。

應用解析

───────────┤ 風險量化方案應用案例 ├───────────

某公司生產部門對發生風險的可能性、頻率和後果,評分如下。

分數	風險發生的可能性
10	極為可能
6	很有可能
3	可能,但非經常
1	可能性較小,若發生屬於意外
0.5	不太可能,但可以設想
0.2	幾乎不可能
0.1	完全不可能

分數	風險發生的頻率
10	每天不定時連續發生
6	每天工作時間內發生
3	大約每週發生一次
2	大約每月發生一次
1	大約每季度發生一次
0.5	大約每年或更多年發生一次

分數	風險發生的後果
100	群死群傷
40	數人死亡
15	一人死亡
7	出現重傷
3	出現殘疾
1	有人受傷

計算風險等級的公式為:風險等級分數=可能性分數×頻率分數×後果分數。根據風險分數判斷風險等級如下表。

風險分數	風險等級	代表的風險程度
大於320	重大風險	極其危險,堅決停止作業,立即改進,改進完成前不得作業
160～320	較大風險	高度危險,停止作業,立即改進,改進過程中視情況恢復作業
70～160	一般風險	明顯危險,需要改進,視情況可以不停止作業
20～70	較低風險	一般危險,需要引起注意,可以在作業過程中改進
小於20	低風險	危險較小,能夠接受

根據風險評估，確定風險控管的優先順序和行動方案如下表。

序號	可能的風險來源／危害因素	可能發生的事故類別	風險等級評估				現有的控制方式／改進方案	負責人	完成時間
			可能性	頻率	後果	風險等級			

貼心提醒

　　管理者根據風險來源／危害因素，判斷可能發生的事故類別時，可以將控制方法或改進方案視為生產工作之外的重點，並安排負責人和改進完成時間，以便檢查和落實生產安全工作。

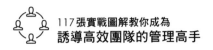

▶▶▶ 2. 評估每個作業步驟的風險，從根源防止事故發生

🔒 問題場景

查找生產環境風險時，我總是覺得自己不夠仔細。

為什麼這麼說？

我現在主要的做法是巡查現場，這麼做看到的風險好像只是表面，但我不知道該如何深入發現風險。

生產管理中，不安全的因素通常來自於生產過程中的不安全條件，以及成員的不安全行為。要注意評估作業步驟的風險。

除了查找生產條件上的隱患，還要規範成員的每個作業步驟，讓每個步驟的風險降到最低嗎？

是的。當每個成員的作業步驟都能防止風險時，就可以從根源上降低風險。

查找不安全行為的工作量似乎很大。

只靠你來發現確實如此，但如果讓更多基層管理者或資深成員參與，甚至發動全員，就會容易許多。

問題拆解

透過巡查現場發現的安全隱患，大多屬於環境中的不安全條件，而成員的不安全行為需要更仔細的核查，才得以察覺、預防和管理。舉例來說，生產過程可以分解成不同的作業步驟，每個步驟都有潛在風險、可能造成的危害，以及對應的控制方法。

🔑 實用工具

工具介紹

評估作業步驟的風險

　　用於識別成員作業步驟的潛在風險，包括可能出現的問題、偏差、故障、可能產生的後果、發生的原因及可能性等。可以根據評估結果採取改進措施，減少風險。

　　這是一種從根源防止生產事故的方法。當每個作業步驟的風險都降低時，整體的生產風險自然會降低。

─────┤ 評估作業步驟風險的 5 個基本步驟 ├─────

| 作業
分解 | 識別
風險 | 控制
方法 | 落實
到人 | 評估
效果 |

─────┤ 評估作業步驟風險樣表 ├─────

職位	作業步驟	潛在風險	可能危害	控制方法	負責人	完成時間	備註

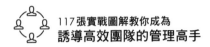
──────┤ 作業步驟風險評估改進示意圖 ├──────

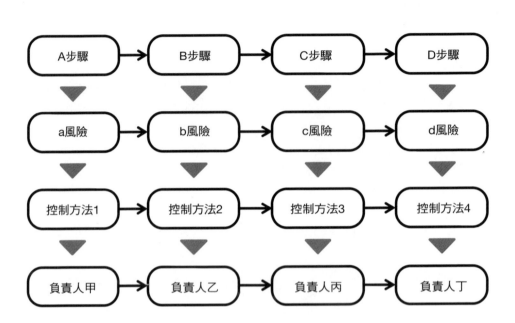

應用解析

┤ 評估作業步驟風險的 3 個注意事項 ├

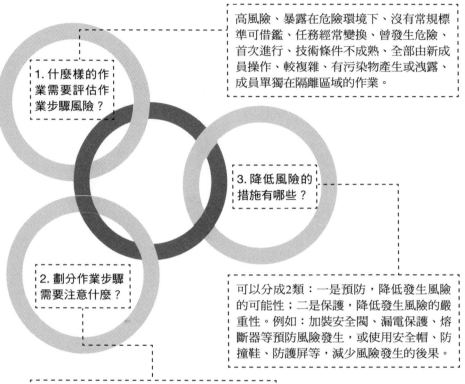

1. 什麼樣的作業需要評估作業步驟風險？

高風險、暴露在危險環境下、沒有常規標準可借鑑、任務經常變換、曾發生危險、首次進行、技術條件不成熟、全部由新成員操作、較複雜、有污染物產生或洩露、成員單獨在隔離區域的作業。

3. 降低風險的措施有哪些？

可以分成2類：一是預防，降低發生風險的可能性；二是保護，降低發生風險的嚴重性。例如：加裝安全閥、漏電保護、熔斷器等預防風險發生，或使用安全帽、防撞鞋、防護屏等，減少風險發生的後果。

2. 劃分作業步驟需要注意什麼？

每個步驟都要具體、明確，最好有編號。每項作業劃分的步驟為3～8項，不能太籠統，也不要太細緻。簡單說明每個步驟具體要做什麼，而不是如何做。將步驟描述為具體動作，例如：打開○○、關閉◎◎。

貼心提醒

　　評估每個作業步驟的風險，同樣可以從可能性、頻率和後果3個層面，來量化和判斷等級。在評估作業步驟風險時，要使形式簡單、措施實用、改進方便，以便所有第一線作業人員理解與掌握。

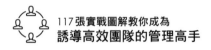
▶▶▶ 3. 全員輪流兼任安全員，建構安全管理意識與防線

🔒 問題場景

識別作業的安全隱患，並做出規範，就能有效控制生產安全問題嗎？

恐怕不行，如果沒有持續檢查、評估和改進，團隊很難自發做到好結果，還需要持續觀察和糾正生產第一線的行為。

但是，我管理的工廠面積較大，人數多，每天檢查的時間有限，怎麼辦？

可以設置安全管理員的職位，由他定期觀察工廠內的作業員。

這是好方法！不過新增一個職位會提高用人成本吧？

你也可以找有經驗的資深員工擔任，甚至讓團隊每個人輪流擔任。

這樣可以培養成員的安全意識，比只喊口號有用多了，還能節省人力成本。

是的，如果很多成員都曾擔任安全管理員，可以提高團隊的安全意識。

問題拆解

　　安全管理很難一勞永逸，即使制訂作業規範、提供培訓、給予要求，成員也可能不按照規範操作，因此需要管理者持續觀察並糾正行為，不斷查找和改進操作時的不安全行為。

　　不過，管理者很難獨自做到這些，不妨讓每個成員輪流擔任安全管理員，增強團隊的安全意識，實現安全管理。

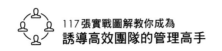
🔑 **實用工具**

工具介紹

全員的安全管理

　　全員安全管理是指透過規則和機制，讓團隊的每個成員都參與生產安全管理。有一種安全管理方式，是全員輪流擔任安全管理員。安全管理員要負責檢查周圍職位的行為，鼓勵按照規範操作的作業員，糾正不安全的行為，並記錄觀察結果，交給安全管理部門，由他們定期統計、分析，再回饋到團隊中。透過輪流擔任安全管理員，有助於提升成員的安全意識，並逐漸形成安全管理工作最堅實的防線。

―――┤ 觀察中常見的 6 個不安全行為種類 ├―――

安全作業類	個人防護類	設備控管類	工具應用類	危險物品類	安全設施類

―――┤ 持續的行為觀察對作業員的影響 ├―――

行為隨意	感知環境	開始重視	做出改變	形成習慣
成員一開始通常不會重視團隊工作行為的規範，尤其是安全的要求。表現為工作行為較隨性。	環境中一直有管理者、安全管理員等人持續觀察或糾正行為，成員會感受到來自環境的壓力。	當成員感受到團隊持續關注工作行為，尤其看到有人得到正面或負面激勵時，會開始重視。	如果成員發現自己的行為和規範要求不一致，基於環境壓力及個人重視，會及時改變行為。	成員在良好環境中，長時間按照正確的方式工作，將形成好習慣。這可能伴隨整個職業生涯。

 應用解析

├ 安全管理員月度考核樣表 ┤

某公司生產部門給每個生產組設置一名安全管理員，每季度輪值。該公司對安全管理員實施月度考核，如果考核通過，會發放績效獎金；如果考核未通過，則沒有績效獎金，且一年內不得擔任安全管理員員，會影響晉升和評價。考核表如下。

分類	考核指標	指標定義	占比
主考核項目	按照安全標準化體系觀察行為	嚴格按照安全標準化體系，要求展開相關職位的安全行為觀察工作，並做好記錄	40%
	安全生產檢查	1. 依照安排，展開每日安全檢查和電纜檢查 2. 及時參加公司級安全大檢查、專項檢查等	25%
	組織各相關部門、人員展開安全隱患改進	在發現安全隱患並上報後，應積極組織各相關部門、人員，展開安全隱患改進工作，並監督是否落實	15%
	維護與保養安全與環保設施	積極聯繫維修單位，定期維護與保養本單位的安全與環保設施，確保設施正常運行	10%
	學習與安全、環保有關知識	日常工作之餘，積極學習安全生產、環境保護等方面的知識，提高自身安全與環保知識	10%
	考核指標	指標工作要求	發生後
一票否決項目	連續2次沒有觀察相關職位行為	行為觀察記錄應填寫完整，不得字跡潦草	-100
	當月每日安全檢查、電纜檢查缺失2次	1. 因特殊原因不能進行當天的安全檢查時，應主動與其他安全管理員互換檢查 2. 若當日無安全管理員可以檢查，應及時向主管說明，並在第2天及時補查	-100
	無故不參加當月公司級安全大檢查	因特殊原因不能參加公司級安全大檢查，應至少在會議召開前一天說明情況	-100
	連續2次未發現安全隱患，而被上司發現	在安全檢查過程中必須積極、負責	-100
	連續2次未及時上報發現的安全隱患	在檢查過程中發現安全隱患，必須在當日的檢查報告中明確說明	-100

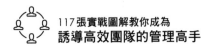
貼心提醒

　　為了鼓勵安全管理員，應該為這個職位設置獎金。成員在履行安全管理員的職責後，就能獲得。為了提高這個職位的價值，對於表現突出的成員，可以設置更多物質或精神上的獎勵。

5-2

如何控管產品品質？
強化第一線人員的技能

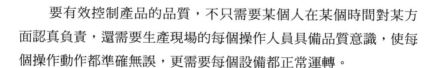

　　要有效控制產品的品質，不只需要某個人在某個時間對某方面認真負責，還需要生產現場的每個操作人員具備品質意識，使每個操作動作都準確無誤，更需要每個設備都正常運轉。

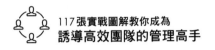
117張實戰圖解教你成為
誘導高效團隊的管理高手

▶▶▶ 1. 依照 4 步驟制訂SOP，才能真正節省資源又
穩定品質

🔒 問題場景

最近工廠發生很多產品品質的問題，我覺得原因出在成員操作上欠缺規範。

針對這個情況，你有沒有採取措施？

我到現場檢查和糾正好幾次，仍然沒有效果。

生產操作人員有標準的作業程序嗎？

或許這就是問題所在。對於生產職位來說，標準作業程序能夠保證品質穩定。

目前沒有。

問題拆解

　　如果生產操作職位沒有標準作業程序，很難確保產品的標準化和一致性。標準的作業程序能夠把工作流程化、精細化，讓任何一個處於此職位的人都知道該怎麼正確工作。同時，標準作業程序還能降低職位技能門檻，讓成員經過標準的培訓之後，都能迅速勝任。

198

🔑 **實用工具**

工具介紹

標準作業程序（SOP，Standard Operation Procedure）

標準化是生產管理過程中，確保產品高效率和高品質生產的有效方式。標準作業程序是將某項工作分解成具體的操作步驟，並將這些步驟標準化、規範化，再用來指導日常工作的方法。它是一種操作層面的動作，是具體、可操作的，而不是簡單的理念。

實施標準作業程序可以節省資源、穩定產品品質，也能在一定程度上降低成本與風險。標準作業程序並非一成不變，應在實踐中不斷總結、優化和完善，以提升團隊整體效率。

┤ 編制標準作業程序的 4 步驟 ├

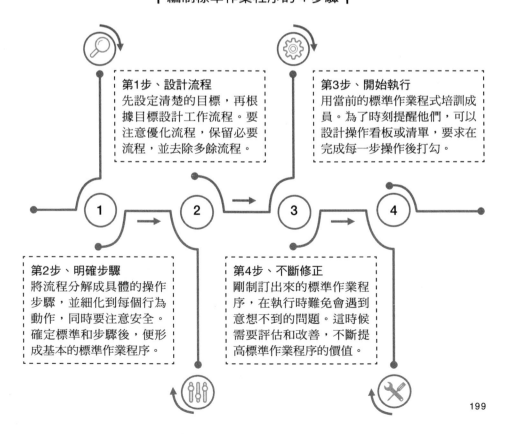

第1步、設計流程
先設定清楚的目標，再根據目標設計工作流程。要注意優化流程，保留必要流程，並去除多餘流程。

第3步、開始執行
用當前的標準作業程式培訓成員。為了時刻提醒他們，可以設計操作看板或清單，要求在完成每一步操作後打勾。

第2步、明確步驟
將流程分解成具體的操作步驟，並細化到每個行為動作，同時要注意安全。確定標準和步驟後，便形成基本的標準作業程序。

第4步、不斷修正
剛制訂出來的標準作業程序，在執行時難免會遇到意想不到的問題。這時候需要評估和改善，不斷提高標準作業程序的價值。

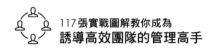

應用解析

|—— 標準作業程序的 6 要素 ——|

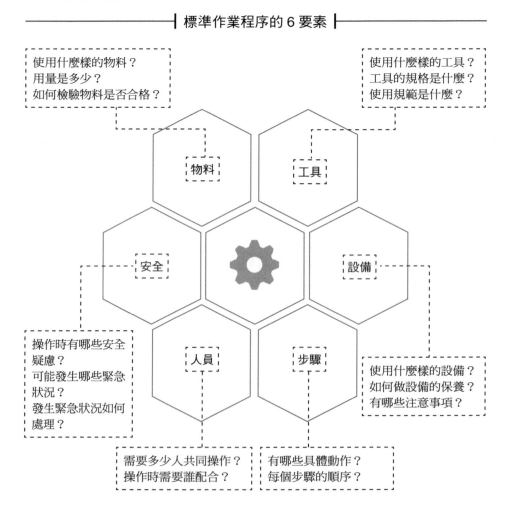

使用什麼樣的物料？
用量是多少？
如何檢驗物料是否合格？

使用什麼樣的工具？
工具的規格是什麼？
使用規範是什麼？

物料

工具

安全

設備

操作時有哪些安全
疑慮？
可能發生哪些緊急
狀況？
發生緊急狀況如何
處理？

人員

步驟

使用什麼樣的設備？
如何做設備的保養？
有哪些注意事項？

需要多少人共同操作？
操作時需要誰配合？

有哪些具體動作？
每個步驟的順序？

貼心提醒

　　標準作業程序並非萬能，編制標準作業程序需要一定的成本。一般來說，應用標準作業程序的前提，是職位的作業條件和作業內容較穩定。若作業環境或內容變化較快，會出現標準作業程序剛編制完不久，就要重新編制的狀況，會大幅增加成本。

▶▶▶ 2. 生產現場雜亂會降低效率，推行5S管理就井然有序

🔒 問題場景

除了生產操作之外，很多工廠環境髒亂、用完的工具隨意亂放、雜物隨處可見，這種狀態怎麼能好好生產？

發現這些情況時，你是怎麼處理的？

我強調很多次，但情況依然沒有好轉。是不是成員素質較低的關係？

與其追求高素質，不如培養他們好意識。

那我該怎麼做？

可以培養團隊實施5S管理。

問題拆解

　　團隊成員的基本素質差，不影響他被培養成優秀生產人員。第一線生產人員的工作內容較簡單、重複，不需要具備很高的知識水準或很強的創造力，而需要良好的工作意識。因此，管理者必須有計劃、有目的、有要求地不斷加以培養。

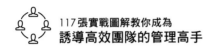
🔑 實用工具

工具介紹

5S管理

　　5S管理中的5個S是指整理（SEIRI）、整頓（SEITON）、清掃（SEISO）、清潔（SEIKETSU）、素養（SHITSUKE）。

　　5S管理是管理生產現場的有效方法。在生產現場持續推行5S管理，不僅能讓現場有條不紊、井然有序，還能逐漸提升成員素質。這既可以從表面上解決現場髒亂問題（治標），又能從根本上解決成員的意識問題（治本）。

┤ 5S 管理示意圖 ├

區分必需品和非必需品，生產現場只留下必需品。

將所有物品歸類，必需品要定位擺放，或採取某種規則整齊有序地擺放，並明確物品的標識系統。

整理
SEIRI

素養
SHITSUKE

整頓
SEITON

透過持續做正確的事，讓成員養成良好的習慣，提高每個成員的素質。

清潔
SEIKETSU

清掃
SEISO

把整理、整頓和清掃的步驟制度化、流程化、標準化、規範化，維持作業成果。

清理生產現場的所有污垢，清除作業區域的物料垃圾。

💡 應用解析

┤ 推行 5S 管理的 6 個難點與應對方法 ├

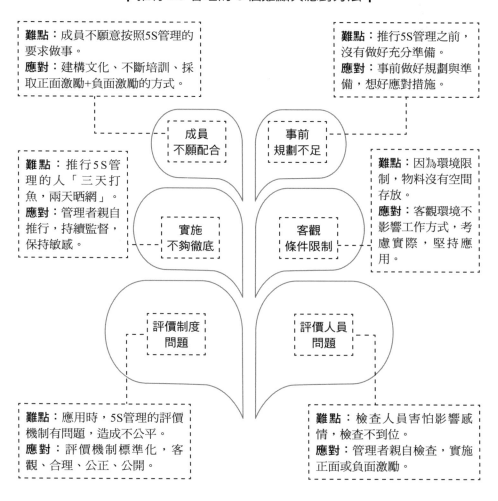

難點：成員不願意按照5S管理的要求做事。
應對：建構文化、不斷培訓、採取正面激勵+負面激勵的方式。

難點：推行5S管理之前，沒有做好充分準備。
應對：事前做好規劃與準備，想好應對措施。

難點：推行5S管理的人「三天打魚，兩天晒網」。
應對：管理者親自推行，持續監督，保持敏感。

難點：因為環境限制，物料沒有空間存放。
應對：客觀環境不影響工作方式，考慮實際，堅持應用。

成員
不願配合

事前
規劃不足

實施
不夠徹底

客觀
條件限制

評價制度
問題

評價人員
問題

難點：應用時，5S管理的評價機制有問題，造成不公平。
應對：評價機制標準化，客觀、合理、公正、公開。

難點：檢查人員害怕影響感情，檢查不到位。
應對：管理者親自檢查，實施正面或負面激勵。

貼心提醒

　　5S管理在實戰應用中有很多延伸，有的公司實施8S管理，在5S管理的基礎上增加安全（SAFETY）、節約（SAVE）、學習（STUDY）3個項目，目的在於強調生產安全、生產成本及員工能力管理。

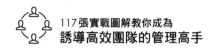
▶▶▶ 3. 設備損壞率高怎麼辦？實施TPM讓使用者也要負責

🔒 **問題場景**

我認為產品品質出問題的根源之一來自於設備。第一線人員沒有愛護、保養生產設備的習慣，導致設備壞損現象嚴重，他們缺乏保養和保護設備的意識。

你有沒有採取行動改變這種情況？

我曾透過考核工廠的主任來解決這個問題，但是主任在管理部屬使用設備方面也很頭疼，壞損問題的發生頻率依然沒有減少。

工廠中是不是有專門的設備維修部門，負責保養、維護和維修生產設備？

是的，整個生產部門共用一個維修部門，哪間工廠設備出現問題，就去哪裡修理。他們經常說成員太不愛惜設備。

要減少生產設備的壞損率，應該增加成員使用設備的責任，實施全員設備保全。成員除了使用設備之外，還要做好日常保養和維護。

問題拆解

　　其實，生產第一線人員直接使用設備，專門的維修部門負責保養、維護和維修設備，這種安排存在很大的問題。生產設備的使用、保養和維護應當是一體的不可分割，這些是避免設備出問題的預防工作。如果預防工作做得好，就能降低需要維修的情況。

🔑 實用工具

工具介紹

全員設備保全（TPM，Total Productive Maintenance）

　　這是指使用設備的人同時負責保全設備，也就是自己的設備自己保全。對於使用設備進行生產製造的職位，不要將生產製造的職責和設備保養的職責分開。如果可以，最好把維修納入其職責中，讓全體第一線的設備使用人員，參與自己使用的設備保全工作中。這麼做能有效控制、全面管理整個團隊的生產設備，還能預防設備發生異常。

┤ 全員設備保全理念示意圖 ├

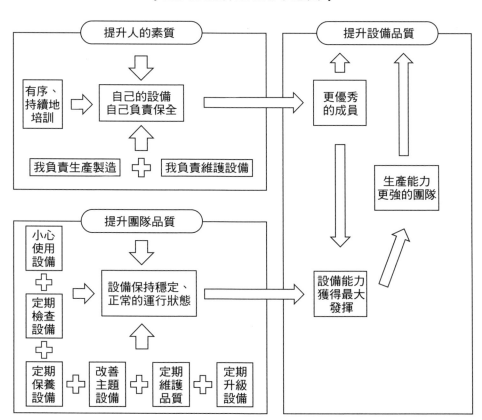

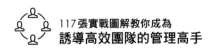
⊙ **應用解析**

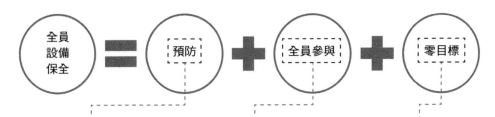

├ **全員設備保全 3 大核心思想** ┤

全員設備保全 ＝ 預防 ＋ 全員參與 ＋ 零目標

防患於未然、提前準備、提前發現、防止人為問題、延長設備使用壽命

組織能力最大化、全員參與生產管理、提高全員的積極性、提高工作熱情

追求零缺陷、零隱患、零故障、零死角

├ **預防的 3 個層面** ┤

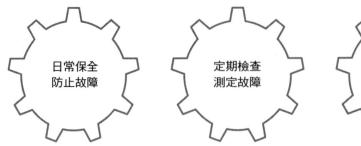

日常保全防止故障

定期檢查測定故障

故障維修準備對策

貼心提醒

　　一般來說，團隊中不應設立專門的設備維修部門，而是將設備維修工作和第一線生產職位融合，把設備的使用、保養、維護和維修的職責，全部落到第一線生產職位上。統一設備的使用權責，有利於降低設備損壞率。

5-3
降低成本需要團隊全員參與，實現3件事

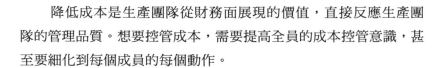

　　降低成本是生產團隊從財務面展現的價值，直接反應生產團隊的管理品質。想要控管成本，需要提高全員的成本控管意識，甚至要細化到每個成員的每個動作。

▶▶▶ 1. 全員成本控制的3大機制，促使部屬主動控管成本

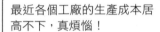

🔒 問題場景

最近各個工廠的生產成本居高不下，真煩惱！

成員們怎麼看待生產成本？

我發現他們對成本漠不關心，我再怎麼強調降低成本的重要，他們依然視而不見，有辦法能讓他們重視成本問題嗎？

你可以實施**全員成本控制**，讓大家重視成本。

話雖如此，但是要全員重視成本，談何容易？

成員不重視是因為他們覺得自己和這件事沒有關係。如果成本和他們有關連，且關係大到一定的程度，自然會開始重視。

問題拆解

　　有效降低生產成本的最佳方式，是讓生產團隊中的所有人重視成本問題。如果團隊成員都不重視，只有管理者乾著急，無法發揮好的效果。人們會重視與自己利益有關的事，相關性越大就越重視。

🔑 **實用工具**

工具介紹

全員成本控制

　　這是指透過建立成本與全員的相關性，讓大家主動參與成本控制。要提高全員控制生產成本的意識，可以在**利益機制**、**約束機制**和**監督機制**上努力。持續運行這3種機制，能讓每個團隊成員意識到生產成本與自己息息相關，進而控管生產成本。

┤ 全員控制成本的 3 大機制 ├

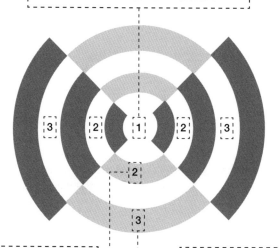

1. **利益機制**：將生產成本和成員薪酬連結，產品利潤越高，薪酬就越高。也可以設置成本控管專項獎勵，在成本降低到一定程度之後，發放獎金給成員。

2. **約束機制**：指制訂生產成本控制的相關制度、流程等標準化規範。除了這種制度層面的頂層要求之外，還可以營造控管成本的氛圍，來約束行為。

3. **監督機制**：指管理者定期監督成員在控管成本方面做的如何。做得好可以實施正面激勵，做得不好則實施負面激勵。

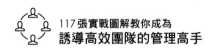
應用解析

────────────┤ 全員控制成本的 3 大環境 ├────────────

組織文化是最重要的環境因素。要讓全員具備成本意識，需要組織文化先展現這種理念。組織的最高管理者對文化有深刻的影響，所以管理者要以身作則，做出表率，不能說一套做一套。

政策不僅包括與薪酬相關的懲罰政策，還包括激勵政策，提供成員降低成本後的正面激勵。激勵政策應鼓勵創新，因為在一定的生產技術之下，成本不可能無限制降低，而需要一定的創新，讓全員從更多層面思考降低成本的方法。

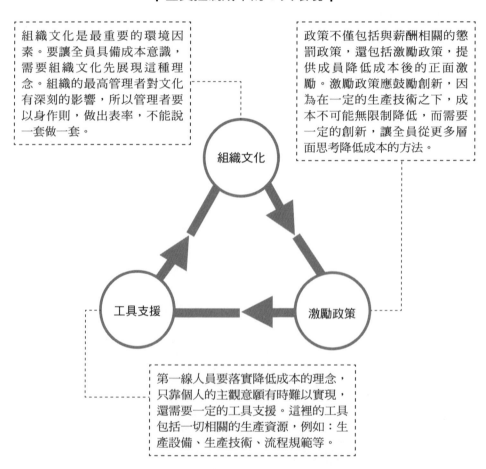

第一線人員要落實降低成本的理念，只靠個人的主觀意願有時難以實現，還需要一定的工具支援。這裡的工具包括一切相關的生產資源，例如：生產設備、生產技術、流程規範等。

貼心提醒

　　要讓全員參與成本控制，除了建立與成本控制的相關性之外，環境同樣發揮非常重要的作用。環境就像土壤、水和空氣一樣，決定控管成本能否在人們心中扎根、發芽、開花、結果。

▶▶▶ 2. 運用「員工合理化建議」表單， 讓成員不再有苦難言

🔒 問題場景

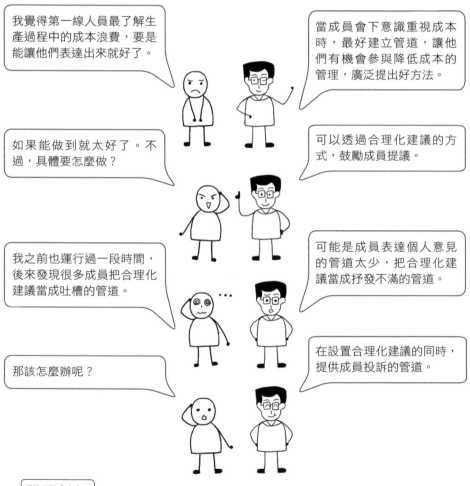

我覺得第一線人員最了解生產過程中的成本浪費，要是能讓他們表達出來就好了。

當成員會下意識重視成本時，最好建立管道，讓他們有機會參與降低成本的管理，廣泛提出好方法。

如果能做到就太好了。不過，具體要怎麼做？

可以透過合理化建議的方式，鼓勵成員提議。

我之前也運行過一段時間，後來發現很多成員把合理化建議當成吐槽的管道。

可能是成員表達個人意見的管道太少，把合理化建議當成抒發不滿的管道。

那該怎麼辦呢？

在設置合理化建議的同時，提供成員投訴的管道。

問題拆解

　　有的團隊沒有設置投訴管道，成員有苦不能言；有的團隊沒有設置合理化建議管道，成員有好的想法不知道該找誰說。合理化建議和投訴各自具有不同的功能，管理者應區分應用，並鼓勵成員說出想法。

工具介紹

員工合理化建議

　　這不僅是加強公司和員工之間的溝通方式，也是公司充分提升員工積極性、發揮集體智慧、群策群力、改善技術水準、完善經營管理的有效舉措。

　　員工合理化建議的上報管道不應過於單一，而是寬泛設置，例如：內網系統、外網郵箱、公開信箱等，以便第一線人員運用。為了避免合理化建議走偏，或是內容天馬行空、行文各異，可以設置固定格式。格式中包括現狀分析、改進措施及預期結果，內容要包含一定的可行性和經濟性分析，做到有理有據。

┤ 員工合理化建議表單範本 ├

建議人			職位		所在部門		提案日期	
建議內容/領域								
建議類別請打（√）	銷售提高		技術改進			風險控管		
	成本降低		制度改進			其他		
現狀分析								
改進措施及行動方案								
預期結果								
相關人意見								

預期結果應包含一定的可行性或經濟分析。

改進措施或方案要可落地、可實施，不能天馬行空、隨意想像。

現狀分析應有理有據，以事實或資料說話，不能憑感覺。

合理化建議不是投訴，反映的問題應當是生產經營相關的領域。

──────────┤ 員工合理化建議的實施流程 ├──────────

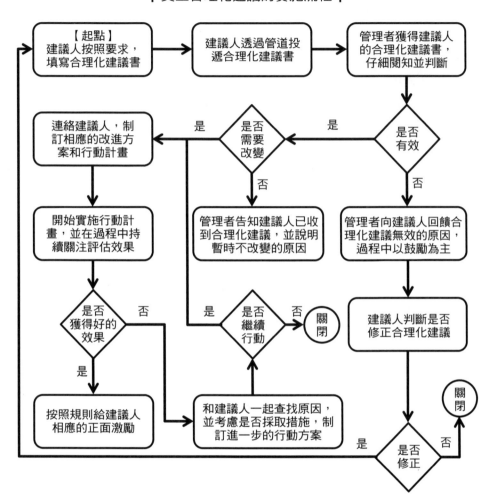

貼心提醒

　　因為第一線人員掌握的訊息量與思維格局有限，所以管理者收到他們的合理化建議時，應抱持開放、寬容的心態。但是，也不能讓第一線人員隨意提報合理化建議，至少不能只提問題、不說方案。想要鼓勵第一線人員多提供合理化建議，需要給予相應的正面激勵。

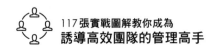
▶▶▶ 3. 每個動作都是成本,什麼方法可以 規範作業流程?

🔒 問題場景

還有其他降低生產成本的方法嗎?

還有一種控制成本的方法,做起來較難,但如果做得到,效果會很好。

是什麼方法?我可以嘗試看看。

這種方法是作業動作分析法。透過判斷成員作業的每個動作是否存在價值,來修正成員的每個動作。

聽起來真的很複雜⋯⋯

這種方法不容易實施,你可以評估要不要運用。

問題拆解

　　雖然成員每天按時出勤,但生產作業過程中的每個動作並非都有價值。生產作業環節存在大量看不見的成本,來自於作業過程中的每個行為。如果能持續減少過程中無價值、有副作用的動作,就能降低成本,提高生產效率。

🔑 實用工具

工具介紹

作業動作分析法

　　這種分析法可以顯著降低成本、提高生產效率。透過觀察，管理者可以發現並分析成員作業的每個動作是否產生價值，以及哪些是無價值、甚至產生副作用，然後持續修正成員的動作，讓他在未來的工作中減少錯誤動作，進而規範作業流程。

　　成員的作業動作可以分成3種，包括有價值、無價值和有副作用。要實施作業動作分析法，需要安排觀察員來觀察、記錄、分析成員的每個動作。

┤ 作業動作分析法觀察表 ├

| | | | 有價值的動作 | 無價值的動作 | 副作用的動作 | 觀察員 | 觀察時間 |

| 有價值的動作代表這個動作能夠對結果發揮正面作用。 | 無價值的工作代表這個動作不能對結果發揮正面作用，但也不會引起負面作用。 | 有副作用的動作代表這個動作對結果引起負面作用。 | 觀察員可以由管理者親自擔任，也可以由有經驗的成員擔任。 |

部門	職位	姓名	有價值的動作	無價值的動作	副作用的動作	觀察員	觀察時間

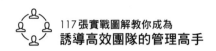
某生產團隊運用作業動作分析法的結果

動作名稱	動作分類	動作定義
拿取	A	手或身體某個部分充分控制某物體
移動	A	手或身體某個部位讓物體移動
裝配	A	將不同的零件組合成一個物體
拆卸	A	將某個物體分離
檢查	A	比較物體的數量或品質
尋找	B	找尋某個物體
選擇	B	在多個物體之間挑選
發現	B	找到某類物體
休息	C	緩解疲勞的狀態
延遲	C	主動或被動的延緩

動作分類定義	
A	能夠有效推進工作的動作
B	不能推進工作的動作
C	造成工作延誤的動作

應用解析

┤ 實施作業動作分析法的 4 步驟 ├

分析的對象可以是已出現的問題，例如生產效率低的組別，或沒有標準工作程序的職位。分析時要客觀，應運用資料分析。注意先查找其他原因，當發現主要問題出在作業環節後，再分析作業動作。

觀察、分析作業動作後，觀察員能夠分類動作，區分正確和錯誤的動作。要改變成員當前的作業行為，需要制訂相應的改進方案，確保他按照正確的動作作業。

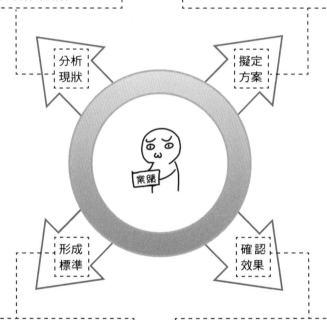

分析現狀

擬定方案

業績

形成標準

確認效果

作業行為的分析和結論被判定為有效後，將正確的動作固定化，形成標準作業程序，在團隊同類職位中推廣。按照PDCA原則（見第4-3節），在未來的工作中持續關注，若有問題，再次實施作業動作分析法。

在實施改進方案的過程中，持續觀察成員的作業行為，並評估改進方案、關於作業行為的分析和結論是否有效。評估方式可以是查看實施後的生產效率、生產成本、產品品質等指標，與實施之前有何差異。

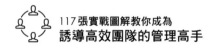
貼心提醒

　　作業動作分析法的管理成本較高，而且對觀察員（管理者）的分析和管理能力要求很高。不過，運用這種方法的好處是，一旦全面分析某個職位的作業動作，後續的管理成本就會降低，對該職位日常作業的管理也會更有依據。管理者應視情況決定是否實施。

▶▶▶ 筆記

國家圖書館出版品預行編目（CIP）資料

117 張實戰圖解教你成為誘導高效團隊的管理高手：49 個方法釋放部屬潛能，打
造最厲害績效！／任康磊著
--初版. –新北市：大樂文化有限公司，2021.12
224面；17×23公分 . --（Biz；84）

ISBN：978-986-5564-68-1（平裝）
1. 組織管理　2. 企業管理　3. 企業領導
494.2　　　　　　　　　　　　　　　　　　　　　　　110019448

Biz 084

117 張實戰圖解教你成為 誘導高效團隊的管理高手
49 個方法釋放部屬潛能，打造最厲害績效！

作　　者／任康磊
封面設計／蕭壽佳
內頁排版／思　思
責任編輯／張巧臻
主　　編／皮海屏
發行專員／鄭羽希
財務經理／陳碧蘭
發行經理／高世權、呂和儒
總編輯、總經理／蔡連壽
出 版 者／大樂文化有限公司（優渥誌）
　　　　　　地址：220 新北市板橋區文化路一段 268 號 18 樓之 1
　　　　　　電話：（02）2258-3656
　　　　　　傳真：（02）2258-3660
　　　　　　詢問購書相關資訊請洽：2258-3656
　　　　　　郵政劃撥帳號／50211045　戶名／大樂文化有限公司

香港發行／豐達出版發行有限公司
地址：香港柴灣永泰道 70 號柴灣工業城 2 期 1805 室
電話：852-2172 6513　傳真：852-2172 4355

法律顧問／第一國際法律事務所余淑杏律師
印　　刷／韋懋實業有限公司

出版日期／2021 年 12 月 28 日
定　　價／350 元（缺頁或損毀的書，請寄回更換）
I S B N　978-986-5564-68-1